U0059767

度小月系列

關於度小月…………………

在台灣古早時期，中南部下港地區的漁民，每逢黑潮退去，漁獲量不佳收入艱困時，爲維持生計，便暫時在自家的屋簷下，賣起擔仔麵及其他簡單的小吃，設法自立救濟渡過淡季。

此後，這種謀生的方式，便廣爲流傳稱之爲『度小月』。

小吃拼圖
素

路邊攤
賺大錢
money 7
【元氣早餐篇】

目錄

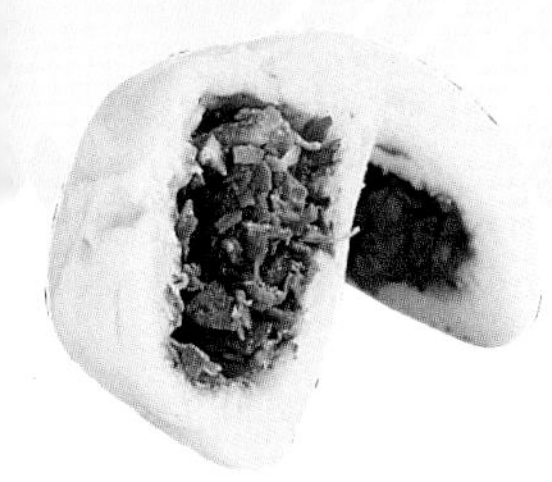

作者序

成功，來自堅持

台灣的小吃是世界有名的，在經濟不景氣的現在，許多失業的人，如果有本錢的話，大都是想開一家自己的小吃店，但是，就是由於台灣的小吃如此多，想要在這千草萬木中，特別引人注目，著實是需要花費一番心力的；當然，如果一開始，老闆的地點挑得好，做出來的東西又別具一格，滾滾而來的人潮是可以預期的，所以，在夜市裡頭的小吃，就常常占了地利之便。

當初一接到這個「早餐店」的案子，心裡第一個想到的，就是「那有什麼早餐店是有名的？」，不愛吃早餐的筆者，除了一般眾所周知的早餐連鎖店之外，實在想不出來能有什麼店家可以報導；結果，就在編輯部大家明察暗訪之下，也找出了十家店，這十家店雖然沒有辦法做到像士林夜市的廟口麵線、基隆夜市的奶油螃蟹等店那樣嚇嚇叫的出名，但是也做到了讓街頭巷尾的人無不稱讚，甚至藉由街頭巷尾，一傳十，十傳百的傳到外地，最後還傳到我們編輯部裡頭，讓我們列上了「路邊攤賺大錢」。

說實在話，這十家店早餐店幾乎都不是「純粹」的早餐店，但也就是因為好吃，還有老闆想努力賺大錢，所以很多店都是從早賣到晚的，這可不是一件簡單的事情啊！累了一天不說，下了班，還要準備第二天的食材及帳務等雜事，他們雖然都是賺大錢的店家，但可都是非常人的辛苦錢；所以，在大家看到他們的營業額，或是淨利的時候，別只顧著腦中的鈔票滿天飛，而忘了背後老闆們所付出的心血，可不是一般人做得到的。

十家店的老闆，有著十家不一樣的個性，但是在筆者採訪的時候，觀察到唯有他們的眼神卻是一樣的，那種帶著很累的血絲，但是卻散發著光采的眼神，一個真心想努力打拚賺錢的人，及一個把自己的工作當成是樂趣的人，就會散發出這樣的光采；開一家早餐店，大部分的人都只是想糊口而已，有誰會想到「我一定要堅持品質，做出成績」？

在早晨這種匆忙的時刻，選一個好的地點開早餐店，一定會有客人上門，但是，依據筆者從小到大吃早餐的經驗，不怎麼樣的早餐店，比起能夠讓我吃到有印象的早餐店是多得多了。人是有記憶的，不好吃的那一家，即使我每天都要經過它，我還是寧願餓著，也不願意去買；但是如果是好吃的，即使它需要繞路過去，我寧願每天早個十分鐘，來求取早晨的一個好心情。由此看來，想做小吃店的人很多，但真心想去好好經營的卻不多。大部分的人都是貪在覺得台灣小吃有名，開了賺錢，卻常常忘了台灣人的嘴可是刁的，忘了品質的堅持才是成功的頭一步，但是，在這十家店老闆的身上，就可以看到這種堅持，他們不一定目的是賺大錢，但是共同的目標卻是把東西的口碑做出來，而他們如今的成績，也是對於品質的堅持得來的，這一點，是足以讓所有想開店的人深思的。

施依欣

編輯室手記

十則成功傳奇 破除創業迷思

2002年景氣持續低迷，失業率仍居高不下，據統計到今年十月份失業率已達5.3%，全台已有53萬失業人口。長期生活在這片景氣低壓之下，迫使許多人開始認真思索前景與未來。不幸失業的人，在激烈的競爭下陷入謀職不易的劣勢；僥倖有班可上者也因為降薪、工作量增加而大感吃不消，於是投資少、門檻低、回收快的小本創業法，成為很多人盤算中一條柳暗花明的出路。

在所有的小本生意中，開早餐店可以說是最受歡迎的項目，原因是一般人都覺得它不但投入資金小、手藝要求低、營業時間也較短，故吸引了不少人前仆後繼的投入。據專家估計，目前全省西式早餐連銷店已有7000家，如果再加上中式餐店、攤車的話，則超過五萬家，並以驚人的速度持續成長。只要準備5至50萬元的資金，一張桌子或10坪的店面，幾乎人人都可以成為早餐店老闆，但是要做出口碑賺進鈔票，卻沒有想像中容易。

這回度小月《路邊攤賺大錢7【元氣早餐篇】》採訪了十家經營有成的店家，包括源於苗栗西湖，名聞四海的「四海豆漿」；深耕西式連鎖早餐市場多年，如今枝繁葉茂「麥味登」;原本講佛緣、立善願卻無心插柳的「樺德素食」;以一碗肉粥換得百萬營業額的「周記肉粥店」;將毫不起眼的燒餅變成黃金的「東林燒餅」;四十多年屹立不搖的勇伯米苔目;道地老上海傳承的「三六九素食包子」;從湘菜館轉型而來的「楊記麻辣蚵仔麵線」;創意滿點且積極拓展加盟事業的「李福記紫米飯糰」,以及補習街學生最豐盛的記憶——「狀元及第麵線」。

十家店十則成功的傳奇,背後有許多不為人知的辛勞,他們的故事破除了許多「創業迷思」,例如上述提到的早餐手藝門檻低,事實證明只有獨特的口味才能脫穎而出;又營業時間短這種想法也不正確,許多成功的老闆都是犧牲睡眠,每天天還沒亮就離開溫暖的被窩,不到半夜三更上不了床。傳統的中式早餐店更是兼賣起宵夜,或乾脆24小時營業全年無休,才能跟愈來愈多的西式連鎖店競爭。至於加盟店的問題在於商品都一樣,較無法突顯口味特色,要如何留住客人,也必須花費一番心思。

總之,天下無不勞而獲,希望透過本書能讓大家更瞭解成功的代價,謀定而後動,減少錯誤及損失。只要有眼光、肯吃苦、有耐心、多花心思,那麼成為令人欣羨、日進斗金的早餐店老闆指日可待。在此特別感謝店家的大力支持,提供我們那麼多珍貴的資料,也希望讀者能繼續給我們支持與指教。

大都會文化編輯部

東林燒餅

遠遠一股炭烤香．走近才知是東林
別怪店小又偏僻．手藝熟巧是招牌

東林燒餅

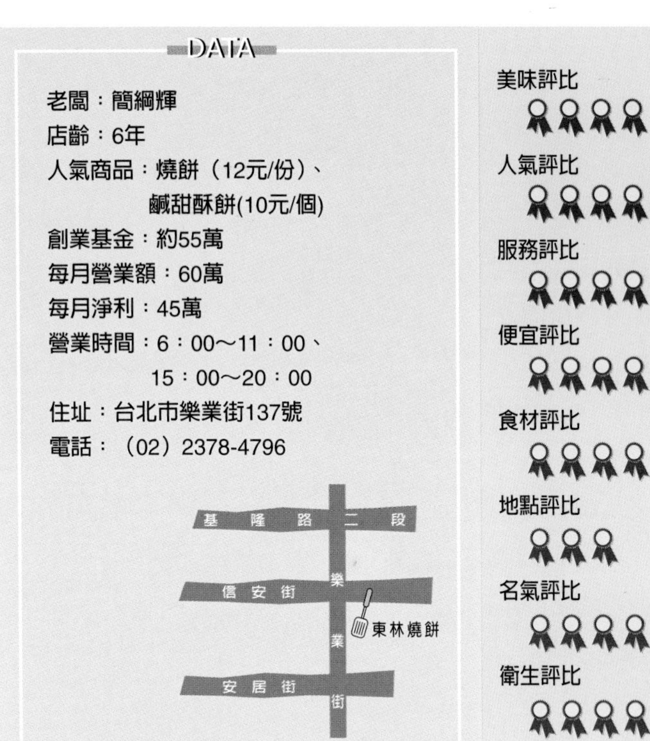

DATA

老闆：簡綱輝
店齡：6年
人氣商品：燒餅（12元/份）、鹹甜酥餅(10元/個)
創業基金：約55萬
每月營業額：60萬
每月淨利：45萬
營業時間：6：00～11：00、15：00～20：00
住址：台北市樂業街137號
電話：（02）2378-4796

美味評比
人氣評比
服務評比
便宜評比
食材評比
地點評比
名氣評比
衛生評比

如果不是老顧客，要找到位在樂業街上的「東林」還眞不容易，它和熱鬧的街道有點距離，地理位置偏僻，踏進陳設簡單的店裡，迎面而來一股濃濃的蔥香味，叫人忍不住食指大動。店裡除了堪稱招牌的燒餅之外，仔細瞧瞧還有鍋貼、酥餅跟胡椒餅，望著店門外一長串排隊等候的人潮，心裡眞等不及一嚐其滋味。

憑著二十多年製作麵點的老經驗，老闆將手中看來不起眼的麵粉，一下子變成了外皮酥脆且充滿碳烤香味的燒餅。一般的燒餅通常由麵餅加芝麻烘製而成，「東林」的燒餅則多了蔥香味。嚐一口

東林這個招牌是最近才掛上的，因為客人老是抱怨地方太難找了。

熱烘烘的燒餅，酥脆的麵皮，配上青蔥與鹽巴混合的鮮香，樸實自然的風味，令人吮指回味。也因爲這道蔥香味，讓燒餅成爲「東林」的超人氣商品。

是什麼原因讓「東林」的生意一直維持的這麼好？一位老主顧告訴我們，老闆在製作上很用心，常常在燒餅的口感上做變化，有時候吃到的感覺是更香、更酥脆或更有彈性，本來就美味的燒餅，隔一陣子再吃到，會發現跟以前有不一樣的感覺，所以「東林」的燒餅吃不膩。老闆表示他在麵粉攪拌及發酵的過程中，採取了跟其他人不同的做法，所以常常有不同的口感。

心路歷程

「東林」的老闆簡綱輝爲人老實，有一股超然、不拘生活小節的氣質，從年輕時就開始他的麵包店學徒生涯，當了十幾年的麵包店學徒後，有天想到自己可以來賣燒餅類麵點，既簡單又省

我們店裡的東西都是用炭火烤的，有點焦又不會太焦的原始風味，讓我們每天都會賣出好幾百個燒餅。」

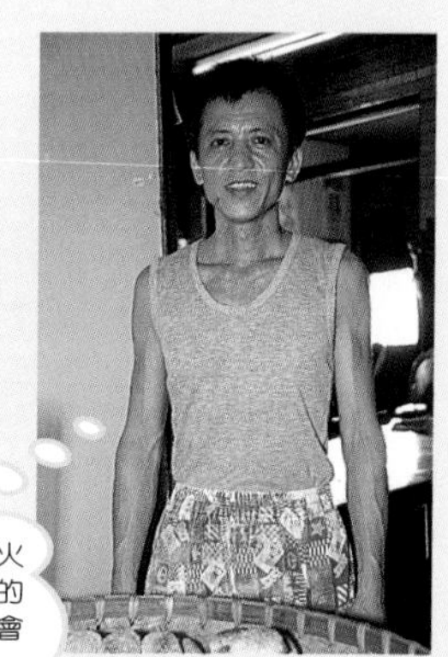

老闆・簡綱輝

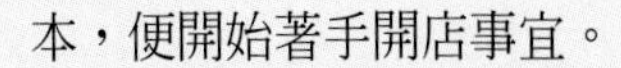

本，便開始著手開店事宜。

老闆原本就只想做個小本生意，圖個溫飽，所以對開店的諸多條件不甚要求，剛好有個親戚在樂業街開了一家「美而美」西式早餐店，願意騰出一個小角落給他擺攤子，老闆就開始在樂業街賣燒餅，其他麵點還有鍋貼、胡椒餅、甜酥餅、鹹酥餅。

從自己出來做生意到現在有六年光景，加上之前十幾年的麵包店學徒生涯，老闆與麵粉爲伍已有二十多年。剛開始老闆主要做附近住宅區居民的生意，後來因爲東西眞的好吃，街頭巷尾都知道，大家一傳十、十傳百、百傳千的將名氣傳開來，一年後生意也像滾雪球般的愈做愈好，每天有接不完的訂單，包括附近的一些大公司和個人要帶出國當隨身禮物的訂單，老闆非常感謝左鄰右舍們的宣傳以及顧客們多年來的支持，卻也常常感嘆工作太忙了，沒有時間睡覺休息。

經營狀況

命名

顧客要求取店名裝招牌，免得路過了還不知道店家在哪裡。

東林燒餅店開在「美而美」早餐店裡的一角，老闆一開始就只想小本經營維持家計，所以沒有招牌也沒有店名，東西大多是賣給附近居民。一年後生意開始愈來愈好，有太多慕名而來的顧客向老闆抱怨店太難找了，沒有店名不方便問路，沒有招牌找不到店家，所以要求老闆取個店名並且裝個好認的招牌，免得路過了還不知道店家在哪裡。於是老闆在最近兩個月把招牌裝上，至於店名則是找一個會算五行的朋友挑了幾個名字，老闆覺得「東林」這兩個字唸起來很順，就決定用這個名字。

地點

位處住宅區，區域人潮不夠多，地點並不是老闆經營成功的關鍵。

老闆本來在南港工作，當初選擇開店地點並無什麼特別想法，只是想當個小老闆，對地點的要求不高，所以店開在住宅區也可以接受。另外也是因爲有親戚在樂業街開早餐店，就跟親戚分租店面，順便租下地下室當住家使用，大家住在一起生活上也算方便。

樂業街位於台北市大安區，位置偏遠、區域人潮不夠多，附近多屬住宅區，沒有什麼大型辦公大樓，離最近的捷運站六張犁走路要十分鐘，不熟悉路況的人還眞的會找不到路，由此可知地點絕不是「東林」成功的關鍵。

租金

每月五萬五千元，二十幾坪，店家住家全包了。

簡老闆每個月付五萬五千元，租下總面積約二十幾坪的房子，其中一樓店面佔了不到十坪，擺了一個烤筒，一個工作平台，因爲來買燒餅的人都是外帶，所以沒有桌子和椅子，若有客人想在現場吃，旁邊的「美而美」桌椅都可以使用。扣掉一樓店面的部份，其餘的十多坪在地下室，老闆一家四口就住在地下室，店家住家全在一起，工作生活都方便，對於這樣的租金支出，老闆覺得很合理。

硬體設備

簡單基本的設備，沒有裝潢，總成本不到五十萬。

東林店裡有一個烤筒用來烤燒餅、胡椒餅，連鍋貼也是貼在烤筒內烤出來的，這個烤筒一次最多可烤出二十多個燒餅，另外有兩個大烤箱，烤鹹酥餅、甜酥餅，也拿來做保溫之用。其他還有攪拌麵粉的攪拌機、擺

「東林燒餅」店的內觀，老闆非常講求衛生，作業區內保持的相當乾淨、清潔。

這個自製烤桶其貌不揚，卻是個聚寶盆。

在店裡的工作平台及一個大冰箱，詳細的價錢老闆記不得了，全部加起來花費在器材設備上的成本不到五十萬。

一般市面上現成的烤筒不方便買到，所以老闆自己動手訂做一個，首先買來一個大油桶及一個陶瓷製的烤缸，到鐵工廠請人在油桶下方挖個通風孔，將陶瓷製的烤缸放入油桶內，然後自己再攪拌水泥塗在烤缸的內壁。

老闆覺得除了烤筒的取得比較麻煩之外，其它設備在一般器材店都買的到，並不需要經過特別挑選。另外「東林」的店很簡單，處在「美而美」的一小角，老闆覺得不需要在裝潢下功夫，裝潢費就省起來了。

食材

兩大堅持，麵糰要用老麵來醱酵、青蔥選用宜蘭三星蔥。

簡老闆揉麵糰有二十幾年的功力，製作麵糰時不用酵母來醱酵，而是拿前一天剩下的老麵來和著新的中筋麵粉一塊揉。老麵就是麵種，是指麵粉用酵母菌製作出醱麵後，留下的一些有活性的麵糰，作爲麵種，等下次使用時拿來取代酵母。老闆認爲用老麵揉出來的麵糰才會香，質地也比較細緻、甘甜，做出來的燒餅口感自然好。

除了麵糰堅持要用老麵來發酵，老闆還有另一項食材堅持—蔥絕對要用宜蘭三星出產的三星蔥。宜蘭三星鄉的雨水充沛，所生產的青蔥品質佳、蔥白長、質地細嫩、蔥味香濃是眾所週知的，老闆選用青蔥中的極品當食材，讓顧客吃的實在又享受。為了確保品質與鮮度，老闆每天都會上環南市場採買當天所需的三星蔥。

成本控制

銷量起伏大，老闆每天依當天訂單決定購買材料的份量。

簡老闆阿莎力的表示，他做事不喜歡斤斤計較，所以沒有刻意控制成本。基本的店面跟住家每個月租金五萬五千元，裝潢費也省了。除了麵粉是一次買重約四到五公斤一大袋，用完再買之外，三星蔥則由老闆每天上環南市場採買當天所需的份量，至於每次買多少，老闆要依當天訂單的數量來決定，沒有固定的份量。如果每天賣出約一千五百個燒餅，平均每個月就會有約六十萬元的營業額。

人事控管方面，老闆請了兩位學徒當助手，太太也常要幫忙切三星蔥、剁成細末。關於學徒的薪資，老闆不方便透露，一方面除了學徒本身的資質有高低之外，另一方面老闆每隔一段時間會依學

徒的學習能力來調整薪資，能力佳的一個月即大有進步，能力弱的也許要半年後才看得出來，故沒有特定的行情，由老闆自己決定。

口味特色

老麵和著麵粉揉成麵糰，麵糰裡包著厚厚一層三星蔥末，蔥末佈滿整張麵皮。

「東林」的燒餅遠近馳名，賣相超人氣，其中最大的功臣首推宜蘭三星蔥。在製作燒餅時，老闆先用老麵和著麵粉揉成麵糰，麵糰裡包著厚厚一層三星蔥末再桿平，讓蔥末佈滿整張麵皮，抹上一層糖水再桿一次，然後才放進烤筒裡以碳烤方式烤出燒餅，烤出來的燒餅香甜細緻，三星蔥的香味讓顧客吃完意猶未盡，還會介紹朋友來吃。不只燒餅裡吃的到三星蔥，胡椒餅的餡料裡也是滿滿的三星蔥。

老闆喜歡用烤筒以碳烤方式製作麵點，除了酥餅因爲含油量比較多，貼不住烤筒而掉下來，是用烤箱烘培的以外，其它的連鍋貼也要用烤筒來製作。老闆認爲烤筒是傳統的工具，使用木炭當燃料，用它來製作傳統麵點，比用電器或瓦斯烤出來的味道更棒，而東林的堅持古法也換來川流不息的顧客。

甜酥餅及鹹酥餅雖然不是炭烤，但一樣超人氣。

客層調查

客層包羅萬象，附近居民、遠地來的遊客，公司、中南部、國外的訂單都有。

早期「東林」的客群主要是來自當地住宅區的居民，經過大家口耳相傳後，除了附近居民的光顧，又多了許多慕名而來的顧客，這群客人包羅萬象，有一看就知道是遠地來的上班族或學生，也有出差受同事之託專門來買的，小小的店門口常常大排長龍。

「東林」的好口碑完全是建立在顧客們吃了覺得好吃，大力推薦給週遭的親朋好友而來的，老闆沒有做什麼特別的宣傳，完全是因爲東西實在、好吃才能獲得大家的肯定與支持。訂單方面也跟現場買氣有得拼，不但台北市許多大公司常來訂貨，也有中南部的民眾，誇張的是現在連國外的訂單也有！之所以名揚海外的理由，據

老闆表示，有一次老闆的表弟去美國，帶了一百個「東林」的燒餅，當地的親朋好友搶著吃，最後他表弟自己只吃了六個。現在附近住家若有人要出國，幾乎都會來訂貨，帶個五十或一百個出國。

碳烤胡椒餅外皮硬又酥脆，裡面的餡軟，蔥花香味四處飄。

未來計畫

沒有加盟或擴點的想法，以收學徒方式來傳授手藝。

簡老闆本身就是從學徒起家，他對於食材份量、碳烤時間、火侯等細節，全憑多年的經驗而來，加上個性隨和、不喜歡太忙碌，所以當初的構想只是開個小燒餅店，沒想到後來生意愈來愈好，好到老闆也快要吃不消。他對加盟或擴點沒什麼特別的想法跟計畫，但若有人想跟他學做麵餅生意，老闆還是會考慮以收學徒方式來傳授手藝，學成後讓學徒自己去開創他們的事業。

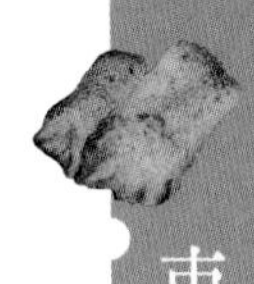

創業數據一覽表

項　目	說　明	備　註
創業年數	6年	摸麵粉經驗20多年
創業基金	550,000元	
坪數	20多坪	含地下室住家
租金	55,000元	含地下室住家
座位數	10位	
人手數目	3人	有太太幫忙。而學徒的薪資老闆隨時依學習能力作調整。
每日營業時數	約10小時	
每月營業天數	30~31天	
公休日	四大節日	（春節、清明節、端午節、中秋節）
平均每日來客數	400人	1千5百個燒餅
平均每日營業額	20,000元	
平均每日進貨成本	3,000元	
平均每日淨利	15,000元	
平均每月來客數	12,000人	大多是訂貨居多
平均每月營業額	600,000元	
平均每月進貨成本	90,000元	每日銷量難掌控，最多曾一日購買60公斤的三星蔥，最少則一日購買10至20公斤。
平均每月淨利	450,000元	

★以上營業數據由店家提供，經專家估算後整理而成。

成功有撇步

外型敦厚老實的簡老闆，沒想過怎樣做生意才會成功，他認爲眞心對待顧客，講究食材，怎麼做的燒餅會好吃，就怎麼去做，就像老闆的兩大堅持，揉麵糰用老麵，青蔥用質地細嫩的宜蘭三星蔥，如此才能做出香酥、質地細緻的燒餅，留住客人的心。

當然老闆二十幾年的經驗也是成功的深厚基礎，所以老闆建議想學做燒餅生意的人，最好從做學徒學習手藝開始。像燒餅這類靠眞功夫製作的傳統小吃，眞材實料最重要，其他的店面、裝潢倒不是最主要的因素，多花點精神在產品上比較實在。

「東林」的燒餅受肯定，老闆表示衛生是最基本的條件，能吃下去肚子的東西一定要符合衛生要求，如此製作出來的東西才算及格，其次是透過嘗試，不斷的要求自己改進產品的口感。老闆並不以燒餅很好吃而自滿，他只要想到可以讓產品更美味的新方法，就會不斷做嘗試及改變，期待帶給顧客更好的風味。

東林燒餅

作法大公開

作法大公開

★材料說明

麵粉都是市面上就可以買得到，只是蔥花，老闆堅持一定用宜蘭三星蔥。

項目	所需份量	價格
中筋麵粉	廿二斤	一袋290元
三星蔥	一斤	50至100元
白芝麻	一斤	40元

★製作方式

1 前製處理

1. 蔥洗淨，切成蔥花。
2. 準備老麵一起放入攪拌器中攪拌。

2 製作步驟

1
麵粉加水放進攪拌機內攪拌。

2
攪拌好的麵糰切成大小適中的麵糰塊。然後把麵團塊放涼。

3
將麵糰揉成長條狀後再桿平。

4
在桿平後的麵糰上撒鹽，再桿平一次。

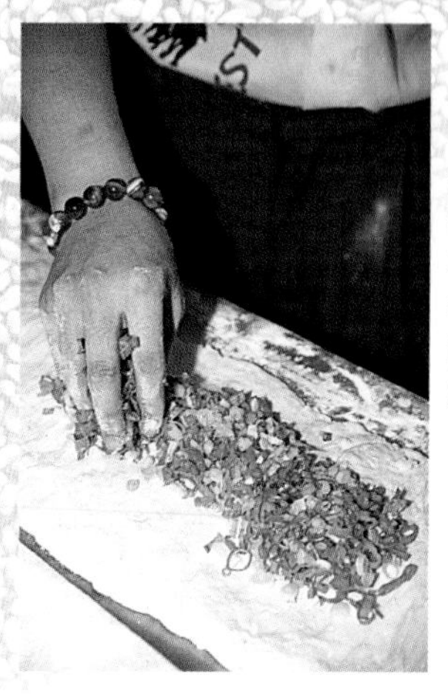

5

然後撒上蔥花。並將蔥花完全包裹在麵糰裡，再桿平一次。

6

然後塗上一層糖。

7

撒上滿滿一層的白芝麻。

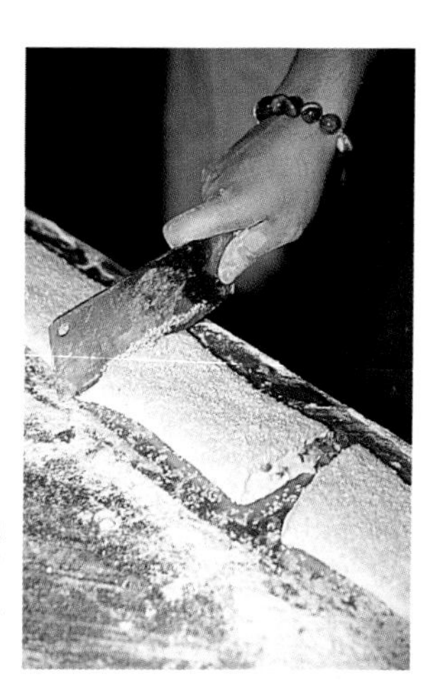

8

將處理過的麵糰切成長方形塊狀。

9
最後放進烤筒裡烤熟即可。

10
用特製烤桶烤出來的燒餅，有濃濃的香味，讓許多人忍不住買一個來大快朵頤。

在家DIY小技巧

可以偶爾摒除現代化的烤箱，烤一些餅製的點心時，把BBQ的烤肉架拿出來，用木炭去烤，也別有一番風味。

獨家秘方

東林燒餅獨家的秘訣，除了注重食材，用蔥只用宜蘭三星蔥之外，還有用炭烤的手法，口感當然比一般用烤箱的特別。

美味見證

我住在這附近，每次經過都會過來買燒餅，這裡的燒餅外皮烤的酥脆、內層則是柔軟有彈性，麵皮脆心軟，口感好，夾在燒餅裡的蔥花很香，我常常就是被蔥花的香味吸過來，就算不餓還是想要買來吃。它的鍋貼也是外皮脆，有種碳烤的香味，一樣很好吃。

莊志明（二十七歲，餐飲業）

李福記紫米飯糰

米飯香 Q 有勁・餡料入口生香
再混五穀雜糧・口感健康絕妙

李福記紫米飯糰

DATA

老闆：吳秋瑟
創業基金：20萬
人氣商品：紫米飯糰（35元/個）
　　　　　黑米飯糰（40元/個）
每月營業額：60萬元
每月淨利：40萬元
產品利潤：6成
店址：台北市民權西路八十號之一、八十四號
營業時間：6:30~12:30　15:00~20:30
電話：（02）2561-9631
公休日：無

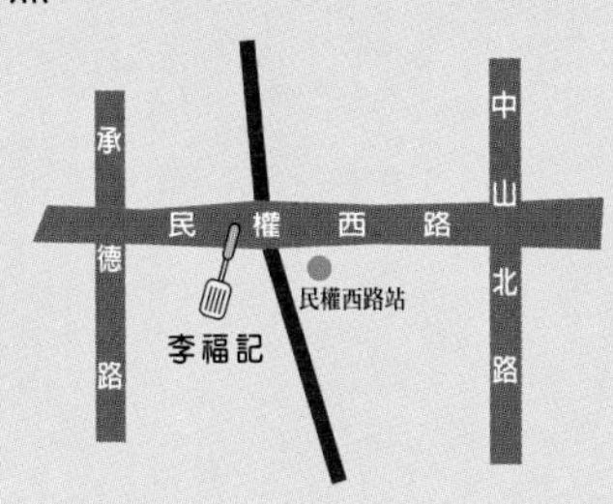

美味評比 ★★★★★
人氣評比 ★★★
服務評比 ★★★★
便宜評比 ★★★★★
食材評比 ★★★★
地點評比 ★★★
名氣評比 ★★★★
衛生評比 ★★★★

現代人愈來愈注重飲食，標榜健康養生的生機飲食法風行一時，尤其是有機早餐更是大受歡迎。在民權西路捷運站出口旁邊，就有一家李福記紫米飯糰，攤子上有一個壓克力製的兩層小櫃，放滿了各式各樣的小菜及配料，如咖哩酸菜、辣炒酸豆、炒豆乾、炒牛蒡、醃高麗菜、醃菜脯等等，一層是辣味的，一層是不辣的，足見老闆娘對顧客的貼心。每天一大早，顧客就川流不息的來這裡買飯糰，有時候一忙，老闆娘還會包到手軟。

紫米、黑糯米屬全穀類，富含澱粉、維生素B群、膳食纖維、及植物性化合物等，營養價值較精製白米高。這裡老闆娘是用一個小木桶，把紫米、黑糯米及滿滿的飯香都悶在裡面，只要一打開這個木桶，飯香四溢，保證路過的人都會想停留下來買一個。

李福記紫米飯糰才開張二年多，就已經有十三家加盟店了。

客人一來，就會看見老闆娘手腳俐落的掀開木桶，舀了一匙滿滿的米飯，再依照客人的喜好裝入四到六樣的配料，整個飯糰包好了，你會驚覺它比普通飯糰還大，卅、四十塊一個，實在是太划算了，裡面的配料都是讓客人自己挑的，所以配料的口味是客人自己調配的，但是把紫米或是黑米吃進嘴裡，滿嘴的香Q，再加上咬下去米飯的彈性，令人欲罷不能，也難怪才開張沒多久，要求加盟的人就源源不絕，紫米飯糰的魅力，眞是要你吃了才知道。

心路歷程

當初的李福記，原本是一家「高檔」的火鍋店，一開始的時候，雖然消費貴，但是料好實在，也做出口碑。剛開張的時候，收入還算不錯，但是後來因爲景氣不好，生意從原本的大賺，變成小

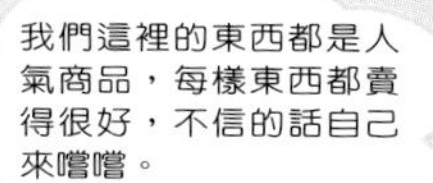

賺，最後打平，後來就沒有什麼客人，每個月卻還得照樣付出房租、食材等成本，最後終究因入不敷出而關門歇業。

老闆娘・吳秋瑟

由於老闆娘是慈濟人，由一開始的初一十五齋戒，慢慢轉變成吃長素，也因此發現了生機飲食的好處。以過去的開店經驗，再加上自己的研究心得，發現把紫糯米、黑糯米配上一些五穀雜糧，不僅口感好，而且對身體健康也很有益，於是決定開始賣糯米飯糰，不僅賣健康、賣自己研究的口味、也賣功德。

老闆家裡是住在中壢，所以每天半夜三點起床，隨即駕車來到台北市長春路的中央廚房，這個地方主要是用來準備商品的，每天凌晨四點多，老闆一家人就會在這裡煮糯米、做三明治、準備餡料、煮黑豆漿等，準備好了就直接帶到民權西路的店面，才開始營業。

這樣每天凌晨從中壢跑到台北，眼睛都還沒完全睜開，就得忙著準備早餐的東西，眞的是很辛苦，所幸創業之初，生意就一直不錯，短短二年多的時間，已經有十三家的加盟，這麼好的成績，完全是老闆娘自己對於飯糰的「品管」，及努力經營和研究所得來的。

既然是專門賣飯糰，老闆娘除了選用紫糯米及黑糯米之外，在配料上，也一直想著創新菜色，光是一個簡單的「炒豆乾」，就別出心裁的加入粗粒黑胡椒，及一些獨門調味秘方。香香辣辣的炒豆干，再加上香香QQ的飯糰，保證讓您忍不住一口接一口。

從原本的火鍋店，到現在的紫米飯糰，老闆娘一直都堅持著她所著重的「口味」、「口感」。生意會這麼好，也是老闆娘花費時間、挖空心思去嚐試配菜和口味，才使飯糰吃起來更加入味，更加受到肯定。老闆娘表示，未來她也將秉持這種認眞的精神，繼續做出好吃的飯糰。

一個紫米飯糰裡面卻有四到六種配料，料多味美任君選擇。

經營狀況

命名

老師傅的承傳，就叫「李福記」。

「李福記」這個稱號，是當初老闆娘一家人開火鍋店所用的名稱，也是爲了讓老客人知道，這個李福記紫米飯糰，就是從前的李福記火鍋店，所以一直沿用至今。

至於當初爲什麼火鍋店要叫「李福記」？老闆娘說，是因爲他們以前和一個老師傅學手藝，老師傅所開設的店就是用這個名字，

於是，他們也是沿用師傅的名號，一方面是尊重，另一方面也是頂著李福記的名號，讓自己做起來更戰戰兢兢、認眞用心。

地點

捷運店口，人來人往是選擇這個地點最主要的因素。

原本老闆娘賣紫米飯糰的地點，是在民權西路八十四號，後來因爲房東租給了「美而美」，所以，幾個月前，紫米飯糰在早晨的攤位就搬遷到了八十號之一，捷運站旁的一家店面，和一家賣米粉湯的小攤一起合租，除了自己的推車及攤位之外，裡頭還有一些座位，可以讓客人在裡面坐著吃，到了下午，老闆娘才搬回八十四號，一直賣到晚上。

這種早上及下午在不同地方做生意的日子一開始，老闆娘雖然有點不習慣，但是也沒有辦法，如果可以，她說，她還是希望有一個屬於自己固定的攤位，不然眞的很不方便。

租金

位於民權西路捷運站旁，黃金地段的攤位一個月租金三萬。

雖然早上及下午是在不一樣的地方，但相隔不遠，兩個攤位合

起來，一個月需要三萬塊的租金（分別各一萬五千元），雖然只有五、六坪大小，但對老闆娘的生意來說也很足夠了，比起以前在復興北路那兒開的李福記火鍋店，租金愈漲愈多，當時沒辦法繼續再開下去，租金就是最主要的因素，所以，對老闆娘來說，這個價錢是很划算的。

硬體設備

除了一般的早餐店的硬體設備，這裡還多了可以讓飯更香的木桶。

一個大木桶可以煮卅多公斤的米，這個木桶裡大概有紫米十五斤，及黑米十五斤。

當初開始準備賣飯糰的時候，老闆沒有想到後來會有這麼多人過來談加盟，所以一些硬體設備如冰箱、蒸爐及煮飯的木桶等，只有一套，後來隨著需求而漸漸增加，到現在，總計已經有四台大冰箱，煮飯的大木桶四個，還有十多個小木桶是用來盛煮好的飯，加以保溫用的；這些木桶都是特別到環河南路去訂做的，那裡有專門賣這類的木桶，因為老闆娘知道，用木桶煮米飯才會有香Q口感，所以特別到店

家去訂做。

如果再加上蒸爐及煮豆漿機，還有開店用來放配料的檯子及櫃子，這些硬體設備林林總總加起來，花了大約十七、八萬。

食材

每天要賣一百多斤的米出去，但是沒有特別挑選那一家的米。

李福記紫米飯糰裡，最主要的食材就是糯米了，每天大概都要煮上一百多斤的糯米，每個大木桶裡，紫米及黑米各占一半空間，三、四個爐一起煮，一百多斤的米，大概卅多分鐘就煮好了，煮好了之後，再盛入小木桶裡保溫。爲什麼要用木桶呢？老闆堅持，用這種傳統的煮法，米飯比較香。

至於其它的配料，老闆娘沒有特定的採買地點，也不需特別挑選，小菜都是一些很普遍的食材，包括豆乾、菜脯、肉鬆、牛蒡、酸豆、酸菜、高麗菜等。要把很普遍的食材變得很好吃，靠的則是老闆娘巧手與心思去調製。

成本控制

食材都是既簡單又便宜的東西，相對的，利潤自然不會太差。

老闆娘當初沒有考慮太多有關於成本的問題，她想，她用的是不同於一般的紫米及黑米，再加上五穀雜糧，每天雖然要用到一百多斤的米，但是這一百多斤的米也是全都會賣出去的，一個飯糰卅五塊，或是四十塊，裡面的配料是便宜的佐菜，隨便想想也知道能夠有些賺頭。

所以，即使黑米的價格，因為黑米營養價值較高所以價格比紫米貴了點，老闆娘的售價卻也沒有貴上兩倍以減少成本支出。

口味特色

每個飯糰的餡料都是老闆娘精心調製，並親自試吃才賣的。

紫米飯糰最大的特色，就是老闆堅持用傳統的木桶來煮飯，煮好了飯之後，再分別裝入小的木桶，每個攤位都有一個小木桶，下面還有熱水蒸著，由於怕飯一直蒸著，賣到了晚一點就全部會爛掉，沒有嚼勁，所以一定要分批裝進小木桶，小木桶裡的飯賣完了，才再繼續裝飯。

紫米飯糰的口感好，主要是因為老闆娘在米飯裡，除了糯米之外，還加了其它的五穀雜糧，除了顏色好看，吃進口裡的香Q，絕不是單單一樣糯米可以辦得到。只是，老闆娘堅持不肯透露到底加入了那些五穀雜糧，每一家都有每一家好吃的賣點及秘訣，想知道的人，也許可以去買個紫米飯糰吃吃看，利用舌頭與眼睛找出飯糰美味的祕密。

配料琳琅滿目，多達卅種，每一樣都是老闆娘體貼顧客的心。

除了米之外，還有老闆娘精心調製的菜色，包括酸豆、高麗菜、豆乾、酸菜、牛蒡等等的小菜，全部都不加任何鹽及味精，除非是用「醃製」的手法。其它的只用如咖哩粉、辣椒、豆豉、黑胡椒等等的調味去炒，同樣的餡料，還會分成不辣及辣味兩種，小壓克力架上擺了卅多種又香又好吃的菜餡，這些可都是老闆娘不斷的試吃、研發而來。

客層調查

位於捷運站旁，上班族居多，人潮之多當然也不在話下。

由於在捷運站旁，所以當然以上班族及學生為主要客群，其

中，由於生機飲食比較吸引成年人，所以，主要的客群是以上班族居多。

老闆娘從早上賣到晚上，早上大多是學生。另外，因爲捷運站後面是一個社區公園，早起運動之後的婆婆們也會來捧捧場。過了八點之後，忙碌的上班族及菜籃族也慢慢上門。而下午到晚上，就幾乎都是成年人了，下午有很多在附近公司上班的人，會來這裡買點心，甚至會有公司大量訂貨，所以，下午有的時候比早上還忙。

紫米及黑米看似差不多，但因為營養價值的不同，黑米的成本就貴了一點，不過老闆娘還是寧願少賺一些，也不願意把成本加諸在顧客身上。

未來計畫

目前已有十三家的加盟分店，未來將持續擴點。

短短不到三年，紫米飯糰已經有十三家的加盟分店，老闆娘很歡迎有興趣從事此行業的人來加盟，她也曾經面臨「度小月」的窘態，所以很樂意幫助那些有心創業的人。

要加盟紫米飯糰，只要付五萬元加盟金，二萬元生財器具訂製費用，食材則是每天向總店進貨，老闆娘以成本價賣給各加盟店，交易以現金計，要批多少貨由各加盟主自己及生意好壞決定，一般來說各加盟店每天約需批五千元左右的貨。

創業數據一覽表

項目	說明	備註
創業年數	2年多	
創業基金	200,000元	
坪數	5坪左右	二家都差不多為五坪
月租金	30,000元	含二家
人手數目	1人	
座位數	4個	以外帶居多
每日營業時數	9.5個小時	
每月營業天數	30至31天	
公休日	無	
平均每日來客數	100人左右	
平均每日營業額	20,000元	含各分店向老闆娘進貨的營業額
平均每日進貨成本	6,700百元	總店數目
平均每日淨利	12,000元至15,000元	
平均每月來客數	3000人左右	
平均每月營業額	600,000元	
平均每月進貨成本	200,000元	
平均每月淨利	400,000元	

★以上營業數據由店家提供，經專家估算後整理而成。

成功有撇步

老闆娘用簡單的米飯及配料收買了客人及想做生意的人的心，因為簡單，所以好賣，加盟的人，進貨只要向老闆娘買現成的東西就可以了，不必自己辛苦的費力炒菜，又可以維持著紫米飯團原有的風味，不會因為加盟者的手藝不同，而使東西味道有所差別，這也是老闆娘做出好口碑的小秘訣。

★★★★★加盟條件★★★★★	
加盟形式	五萬元加盟
創業準備金	免
保證金	免
加盟權利金	五萬元
技術轉讓金	免
生財器具裝備	二萬元
拆帳方式	利潤歸於營業主
月營業額	店家大小而有所不同
回本期	1至3個月左右
加盟熱線	(02)2561-9631
網址	無

糯米飯糰

作法大公開

作法大公開

★材料說明

由於米飯中加入的五穀雜糧及佐菜的炒法、調味都是商業機密，所以讀者可參考坊間的生機食譜自己調配食材。一般來說，五穀雜糧紫米飯的做法，可隨個人喜好任意加入薏仁、黃豆、小紅豆、糙米、燕麥等營養豐富的穀類，佐菜則可以在家自己動手研究，做出最合自己口味的飯糰。

項目	所需份量	價格	備份
煮好之米飯	二飯匙	40元／斤	
油條	一塊	市價一條十元	
醃高麗菜	少許	30／斤	隨季節變動
咖哩酸菜	少許	20／斤	隨季節變動
牛蒡	少許	76元／660g	
肉鬆	少許	160元／斤	
柴魚	少許	10／1包	

★製作方式

1 前製處理

把紫米及黑米都洗乾淨之後，倒入大木桶裡面，不用加水，把木桶放在蒸鍋中，蒸鍋裡頭放水，用大火蒸煮，廿到卅分鐘就可以了。

2 製作步驟

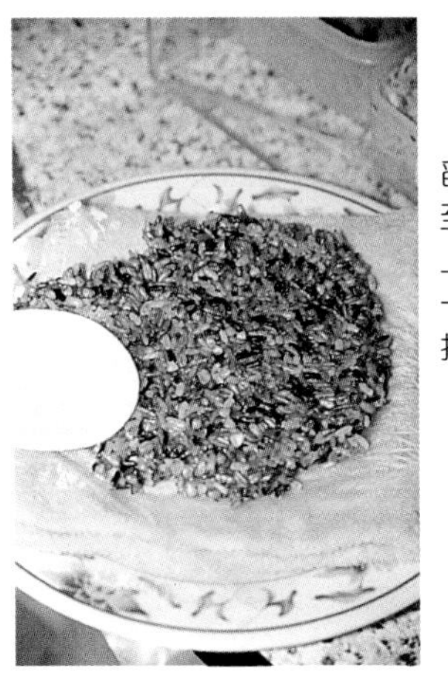

1

舀二匙米飯至塑膠袋上，下面墊一層布，再把飯壓平。

2

抓一些咖哩酸菜置於米飯上舖平。

3

放一些柴魚在咖哩酸菜上，舖平。

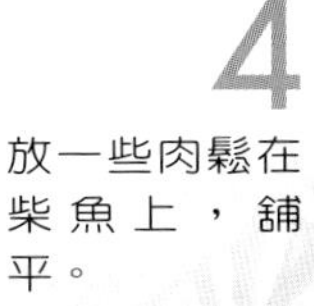

4

放一些肉鬆在柴魚上，舖平。

5

把牛蒡絲接著放上，鋪平。

6

放上醃高麗菜絲。

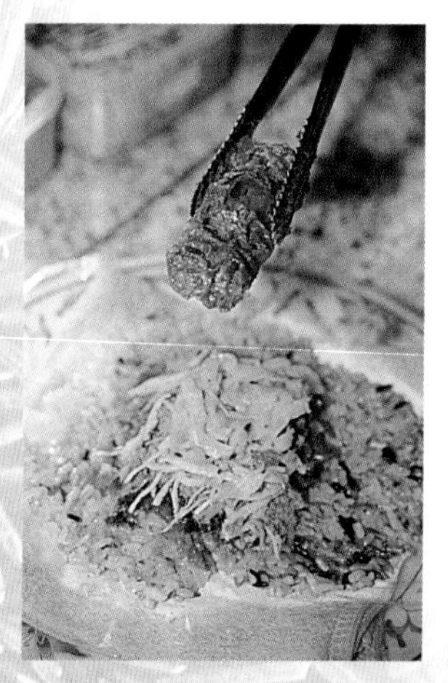

7

最後疊上油條。不喜歡吃油條的人，可省略這一步驟。

8

將塑膠袋兩邊拉起，把料理包在其中，記得要擠壓捏實，否則在吃的時候餡料與米飯容易散掉，影響口感。

在家DIY小技巧

把糯米洗好、煮好，用一個塑膠袋舖在手中，舀二匙飯放在手中，用飯匙壓平，再把自己喜歡的配料放上，包捲起來，稍微用手捏實，就可以是一個自己做的飯糰了。

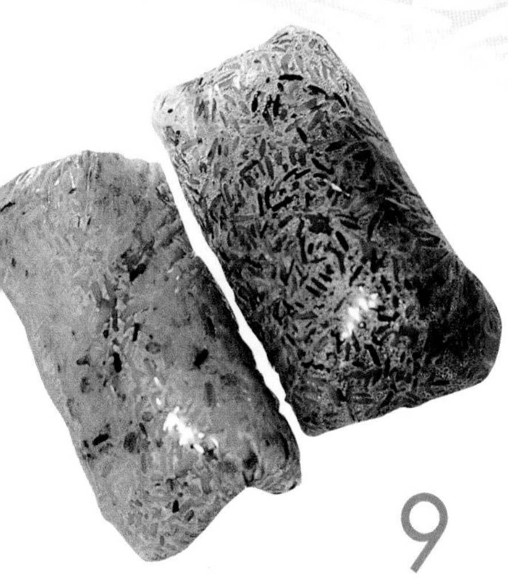

9

飯糰成品，要吃的時候再拉開塑膠袋即可，如此一來方便又不髒手。

獨家秘方

1. 用木桶煮飯，使飯更香，而且粒粒飽滿。
2. 配料口味、創意十足，如酸菜用咖哩粉炒，豆乾用黑胡椒等，都是老闆娘自己用創意一樣一樣試出來的獨家秘方。

美味見證

張美珍
（48歲，自營小吃店）

光是吃紫米飯糰的米飯，就知道和其它飯糰不一樣，除了口感更香Q之外，還有一股濃濃的飯香，飯糰好大一個，裡面的餡又多，又可以自己挑喜歡的餡來包，吃進口裡，真是感到無限滿足。

勇伯米苔目

農村料理樸實簡單．滑溜順口人情味濃
搭配小菜經濟實惠．勾起遊子無限相思

老闆：朱阿碧
店齡：40多年
創業基金：約2萬
人氣商品：米苔目（15元/碗）、各式小菜（一份30元以上）
每月營業額：約60萬
每月淨利：約45萬
產品利潤：約7成
營業時間：7：00～11：00
店址：台北市華西街37號（華西街觀光夜市第67號攤位）
電話：0927-590-650

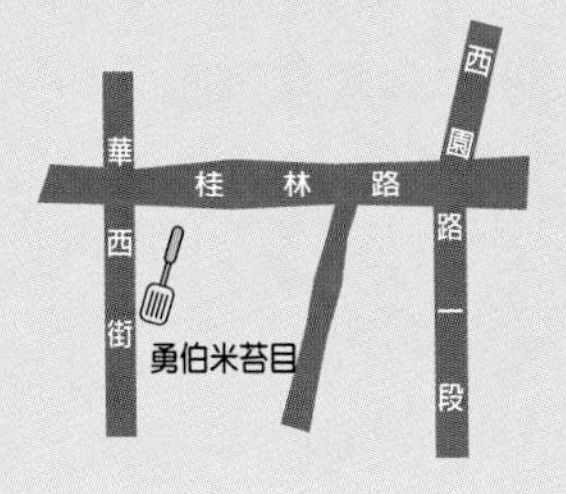

美味評比 ★★★★★
人氣評比 ★★★★★
服務評比 ★★★★★
便宜評比 ★★★★★
食材評比 ★★★★
地點評比 ★★★★
名氣評比 ★★★★
衛生評比 ★★★★

以在來米漿及地瓜粉混合而成的米苔目，是中國傳統的米食，除了加甜湯還可以煮成鹹的，甚至可以用炒的。做成鹹湯口味的米苔目通常較粗，風味跟甜的米苔目截然不同。用米做出的麵狀熱食，比單純麵食更容易填飽肚子，煮成鹹點時，可代替正餐的主食，加上好湯頭，並與豬心、大腸等小菜搭配著吃，滑溜順口、風味更佳，起個大早來市場吃碗鹹米苔目，享受美好的一餐，開始美好的一天。

華西街觀光夜市A區的第67號攤位，是一家生意興隆的歷史老

「勇伯米苔目」店的外觀，因為華西街夜市經過規劃，所以不同於一般的市場，反而比較乾淨明亮。

店「勇伯米苔目」，它的外觀並不顯眼，簡單老舊的店面，如同其它攤位一般，但是在早上空蕩蕩的華西街觀光夜市裡，這裡是唯一聚集人潮的店家，人潮一批一批的來，老闆娘手腳俐落的招呼顧客，米苔目一碗一碗的端上桌，令人不禁好奇，外表平凡的平苔目，爲什麼會有這麼大的的魅力？

心路歷程

「勇伯米苔目」從創立至今已有四十多年的歷史，目前負責的老闆娘是第三代經營者，最初的創立者是老闆娘的公公，然後是第二代由老闆娘的先生負責，先生過世後才由老闆娘

我們店裡面的食物衛生又道地，高湯每天熬煮最新鮮，家傳醬料配上小菜風味絕佳。

老闆娘・朱阿碧

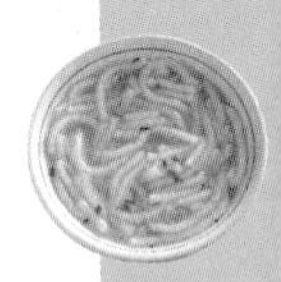

接手經營，老闆娘從嫁過來就開始接觸米苔目的生意，至今也有三十一年之久，因爲「勇伯米苔目」經歷了三代經營，老闆娘也不知道當初公公爲何會選擇賣米苔目，她只是順從的跟著幫忙照著賣。

其實最開始老闆娘的公公並不是賣米苔目，而是推著手推車賣些豬腸湯、花枝肉羹等鹹湯，後來才順便賣米苔目。老闆娘剛開始幫忙時，只能站在旁邊負責舀米苔目、加湯，然後端給顧客吃，再做一些清洗碗盤的工作。這樣的工作做了十九年後，才正式接手掌管米苔目店的生意，開始可以操刀切小菜給顧客、結帳。因爲小菜份量的多寡由切小菜的人決定，包含小菜的時價，所以結帳時只有她清楚價錢。

老闆娘每天早上三點多就得起床準備東西，五點多到店裡面熬煮兩小時的高湯，高湯煮好了才開店營業，營業時間結束後還有清洗器具的工作，回家後也得處理一些雜事，最主要是熬製淋在小菜上的醬料。一天的工作時數長達十個小時，營業時間也只能站著，長年下來腰酸背痛的毛病無可避免。賣米苔目這麼多年了，老闆娘覺得清洗工作最累人，常常一不小心就被尖銳利器，例如鐵桶邊緣給刺傷了手。

經營狀況

命名

因爲公公年紀雖大，但身體很健康強壯，大家都叫他「勇伯」。

老闆娘表示以前賣東西，很少有人取名字，頂多是以老闆的稱謂來命名，所以她公公當初也沒有幫米苔目店取名字，但是隨著華西街觀光夜市的設立，攤位要設立招牌時，才想到顧客都叫公公「勇伯」，於是就決定以此當店名。這招牌在老闆娘嫁過來時還沒有，是最近二十多年才裝上去的，老闆娘說「勇伯」其實不是她公公的名字，只是因爲公公年紀雖大，但身體依然很健康強壯，所以大家都習慣叫他「勇伯」，所謂「勇伯」，就是強壯阿伯的意思。

Q軟的米苔目淋上香濃的高湯，順口又夠味。

地點

靠近龍山寺，整條街只有「勇伯米苔目」一家早餐店。

「勇伯米苔目」在華西街觀光夜市A區的第67號攤位，在觀光夜

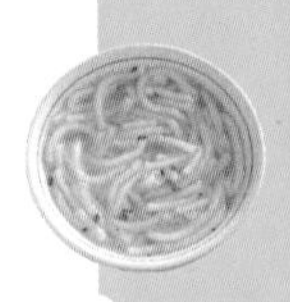

市設立以前，老闆就在此賣米苔目了，只是以前的路面沒有現在的好，走道的屋頂也沒有架設，下雨天會比較麻煩，現在的環境則改善了很多。米苔目店附近有龍山寺，早上到龍山寺拜拜的人多，可以順便過來吃米苔目很方便，華西街觀光夜市街裡面的攤位多半是下午營業，早上的時間整條街只有「勇伯米苔目」一家早餐店，少掉其他競爭對手，對米苔目生意幫助很大。

租金

店是自己的，雖然只有兩坪大，實際上可用到四坪左右的空間。

現在的店是自己的，所以不需要付租金，只是政府規劃了華西街觀光夜市後，每三個月要繳一次自治費。雖然在華西街觀光夜市裡的攤位其實只有兩坪左右，但是早上兩旁的店家沒有開店營業，老闆娘還可以使用兩旁店家及走道的空間，所以實際上算起來，可用空間擴充到四坪左右，但也不算是佔便宜，等營業時間結束後，下午到晚上的時間，攤位也會讓旁邊賣古董的店家使用。

早上開張的店家很少，隔壁店家的空間也可以利用。

硬體設備

吃法單純、沒有複雜的處理過程，硬體設備相當簡單。

「勇伯米苔目」因爲吃法單純，沒有什麼複雜的處理過程，店內的硬體設備也相當簡單，爐子有兩個，一個煮高湯，另一個用來蒸米苔目，大鍋子一個盛高湯，另一個擺在營業台上有蒸孔的大鍋子則用來蒸熟米苔目，除此外還有一個不銹鋼大桶子和擺放小菜類食物的透明玻璃架子，所有硬體設備總共約需花費兩萬元。

食材

肉湯、蝦米、紅蔥頭熬煮兩小時成高湯，是米苔目受歡迎的原因。

「勇伯米苔目」店的主食米苔目是老闆娘向廠商訂貨，每天早上廠商會送來一定份量的米苔目，無須再上市場買。這家廠商的米苔目早期是手工製，後來供應量變大則改用機器製造，老闆娘使用這家廠商的米苔目多年，從公公時代就一直合作到現在，廠商改成機器製作後，她也曾到處試吃手工製的米苔目，發現機器製的米苔

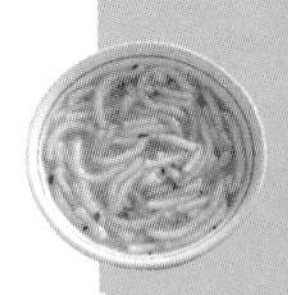

目長度可以拉的比較長，吃起來口感並不比手工製的差，一樣很有Q勁。湯頭是老闆娘每天自己熬製兩個小時而成的，裡面有豬肉、蝦米和紅蔥頭，味道香醇濃郁，很受到顧客的稱讚愛用。

據老闆娘的觀察，早期在二十幾年前，大家習慣只吃米苔目，一次吃好幾碗飽了最重要，後來社會富裕了，大家開始比較注重小菜，幾乎每次都得叫一兩樣小菜來搭配著吃，米苔目反到成了配菜。所以老闆娘準備的小菜種類豐富，有大腸、豬心、豬肺、豬肺骨、帶骨肉、豬舌、豬肝、豬耳朵等，都是老闆娘每天到環南市場挑選，再淋上老闆娘自己熬製四至五小時，口味獨特的沾醬，讓很多顧客爲了再多吃一點小菜而多叫一碗米苔目。

成本控制

爲保食材新鮮老闆娘要求不留存貨，進多少米苔目就賣多少。

「勇伯米苔目」是一家四十多年的歷史老店，老闆娘接手後也是照著前人的經驗經營，所以並沒有什麼獨到的成本控制方法，完全依據常理行事。就進貨方面來看，老闆娘要求不留存貨，進多少米苔目就賣多少，賣完就收工。而進多少貨是依據平時的營業量來估算，每天米苔目的進貨量約五十斤。小菜份量則是配合米苔目的份量在賣，有時米苔目賣完了，小菜還沒賣完，時間也還早時，老闆娘會繼續再進些米苔目，上游供貨商也很樂意爲訂貨量穩定的老客戶做額外的服務，這也是在講求人情味的台灣做生意的不二法門。

因為是小本生意，目前米苔目店所需要的人手只要兩位，老闆娘掌管整個米苔目店的大小事項，在營業時間期間主要負責切小菜、結帳，另一位員工是老闆娘未來的媳婦，負責舀米苔目、盛湯和外場服務工作，再加上清洗碗盤的工作，以及前置作業和後續的收尾實際上工作的時間約十個小時左右。老闆娘透露以前的人事支出只需兩萬多元便可請一位雇員，現在因為通貨膨脹的關係，幣值變小了，請一位雇員的行情約需三萬元以上。

以大鮮肉大骨熬湯2個小時的湯頭，是米苔目的好吃關鍵。

口味特色

米苔目用蒸的Q、湯頭棒、獨特醬料口味讚。

米苔目用蒸的可以保持Q度不會糊掉，因為米苔目泡在水裡久了會吸水膨脹而變得糊糊爛爛，影響吃的時候的口感，所以老闆娘不是把米苔目直接放到高湯裡煮，而是利用加熱高湯產生的水蒸氣的熱能，慢慢蒸熱米苔目，等端上桌時再舀入高湯。

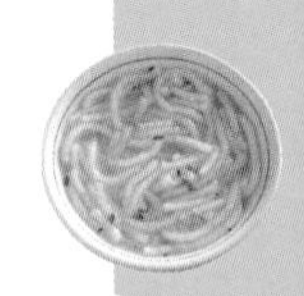

一碗米苔目食材簡單、吃法單純，重點在於湯頭。老闆娘每天早上五點多就到店裡煮高湯，用新鮮豬肉熬湯，再加入蝦米及紅蔥頭熬煮兩小時。老闆娘很自豪的表示，讓顧客喜歡來吃「勇伯米苔目」的一個理由就是這個湯頭，有很多顧客向她表示很喜歡喝店裡的高湯，說這裡的口味有早期老祖母的味道，常常一碗米苔目沒吃完，都還要跟老闆娘要求再多盛一些湯。

另一項同樣受顧客喜愛的產品，是「勇伯米苔目」店淋在小菜上的醬汁。這醬汁是老闆娘的婆婆研發出來的，熬製上比較費時，約需四至五個小時，醬汁裡面有豆腐乳、辣椒和一些老闆娘不便透露的材料，嚐起來有辣味沒有膩人的甜味，味道很特別、很順口。

客層調查

平日主要的客源來自老主顧，假日有很多從遠一點地區來的顧客。

老闆娘表示平日來「勇伯米苔目」吃早餐的人，主要是老主顧居多，他們都已經習慣了「勇伯」的口味，覺得「勇伯」煮的米苔目湯頭很不一樣，很合他們的口味，所以每次來都不只吃一碗。華西街觀光夜市這一帶靠近有名的龍山寺，早上很多早起的老人家喜歡到廟裡走走，之後就會來吃碗古早味

的「勇伯米苔目」。

除了老人家之外，也有很多家庭主婦來買米苔目回家給家人當早餐，她們認為用米作成的米苔目，就跟米飯一樣營養，卻有不同風味。假日的時候就多了很多從遠一點地區來的顧客，像新店、北投都有，通常是攜家帶眷的全家一起來，所以假日的營業時間就會拖的比較晚，而且假日來龍山寺的外地人、觀光客都會比平日多。

未來計畫

只想好好經營米苔目店的生意，沒有想太多未來的計畫。

老闆娘是一個盡本份努力做好該做的事情的人，很多時候她都很謙虛的說他的東西煮的還好、普通，生意也是還好，談及未來的發展，老闆娘表示，「勇伯米苔目」傳至現在已是第三代，她懂得如何照顧好店內的生意，但是不想管太多其它事情，只希望平凡的做生意過日子，目前暫時不希望擴大營業。

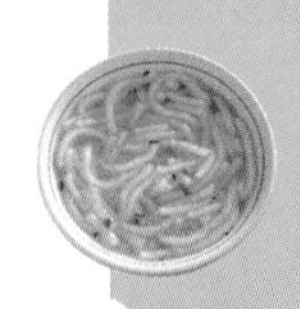

創業數據一覽表

項　目	說　明	備　註
創業年數	40多年	目前是第三代經營。
創業基金	20,000元	
坪數	約2坪	空間可以延伸至四坪左右。
月租金	無	攤位是自己的，不用付租金。
人手數目	2人	雇員每人薪資三萬元以上。
座位數	約20人	
每日營業時數	5小時	
每月營業天數	28~29天	
公休日	不定期月休二日	
平均每日來客數	約200人	
平均每日營業額	19,000元	粗略估計值
平均每日成本	3,000元	粗略估計值
平均每日淨利	16,000元	粗略估計值
平均每月來客數	約6000人	
平均每月營業額	600,000元	粗略估計值
平均每月進貨成本	100,000元	粗略估計值
平均每月淨利	450,000元	粗略估計值

★以上營業數據由店家提供，經專家估算後整理而成。

成功有撇步

「勇伯米苔目」的老闆娘表示，如果有人想要做點小本生意，她在此提供一些經驗談。米苔目的煮法簡單，配料不多，就是因爲簡單所以每個細節都要注意，簡單的東西最容易吃出味道的好壞。像米苔目煮久會糊掉，糊掉後口感就差了，所以米苔目一次不能放太多，不然像老闆娘用蒸的方式也不錯，放在蒸鍋上慢慢加熱，不會一下子吸了太多水。

其次是湯頭，雖然市面上有賣現成煮好的高湯，但是老闆娘建議高湯最好還是自己熬煮，口味最新鮮、最道地，好湯頭才能襯托米苔目。只是一碗簡單的米苔目對現代人來說，菜色稍嫌不足，以前的人把求溫飽擺在第一位，只吃米苔目就可以滿足，現在的人則喜歡多點一些不同風味的小菜來搭配主食，所以賣米苔目再加一些小菜類更好。

有了小菜就要有沾醬，沾醬是小菜的靈魂，目前市面上沒有一種醬料的味道可以直接使用而不需添加其它成分，所以把自己當顧客，想像如果是自己要吃的沾醬，會希望是何種味道，自己調配佐料的比例，可以參考別家店的沾醬味道，或請人試吃再做調整，調出來的醬料就是獨家的秘方了。

鹹米苔目

作法大公開

作法大公開

★材料說明

製作鹹米苔目所需用到的材料爲米苔目、新鮮豬肉、水、蝦米、紅蔥頭，調味料則有油、鹽、味精，一般市面上有販售已製作好成品的米苔目，無須自行將在來米磨成米漿，省卻不少製作上的細節跟困難。

項目	所需份量	價格	備份
米苔目	1斤	1斤/20元	依各地市價會有所變動
豬肉	2兩	1斤/80元	依各地市價會有所變動
清水	3公升		
蝦米	酌量	1斤/200元	
紅蔥頭	酌量	100公克/20元	
油	少許	600c.c. /38元	
鹽	酌量	1公斤/20元	
味精	酌量	1盒/250元	
豬心	1顆/90元		
大腸	1斤/50元		
豬肺	1斤/50元		
豬耳朵	1副/50元		
帶骨肉	1斤/50元		

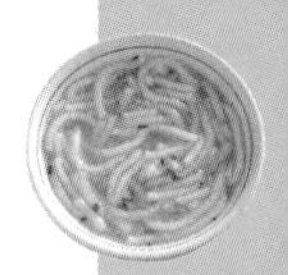

★製作方式

1 前製處理

（1）高湯先熬煮好，新鮮豬肉、蝦米及炒香的紅蔥頭和水一起熬煮兩小時。

（2）小菜的製作方式大致上可分爲兩種，一種是以滷味方式製作，一種則是以簡單的川燙製作，製作方法相當簡單，準備配料有滷味包（可從中藥行或傳統市場取得）、蔥、薑母、冰糖、醬油。

滷味製作方法：先將一大鍋水煮沸，再將所有配料置入，接著將小菜主材料一 併放入，以小火加熱三十分鐘，之後撈乾備用即可，適用材料爲豬耳朵、大腸。

川燙製作方法：在滾水中加熱十分鐘即可撈起，注意不能煮太久，免得肉質變老，適用材料爲豬心、豬肺、帶骨肉、大腸。

2 製作步驟

1 將熬煮好的高湯倒入蒸鍋下層。

2 將米苔目放入蒸鍋的上層，並持續加熱高湯以產生的水蒸氣蒸熱米苔目。

3 蒸的過程中隨時將高湯淋在米苔目上，以避免上面的米苔目水份被蒸乾，這樣吃起來會硬硬的影響口感。

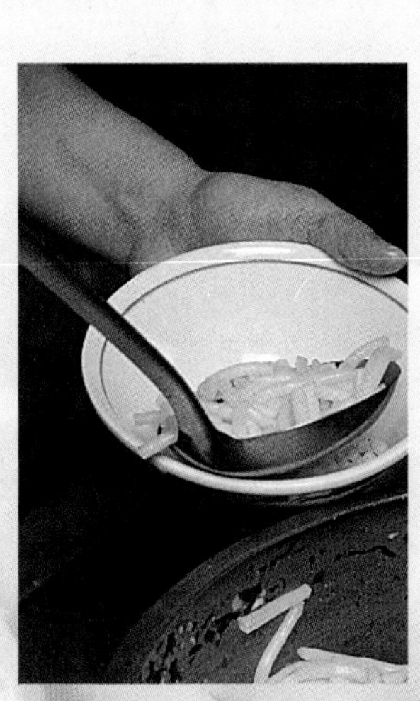

4 要吃時將蒸熱的米苔目舀起裝入碗內。

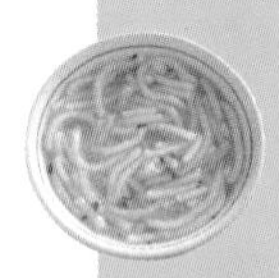

5
盛入高湯即
可完成。

6
豬舌肉切片這是賣的不錯
的小菜之一，吃起來嚼勁
十足。

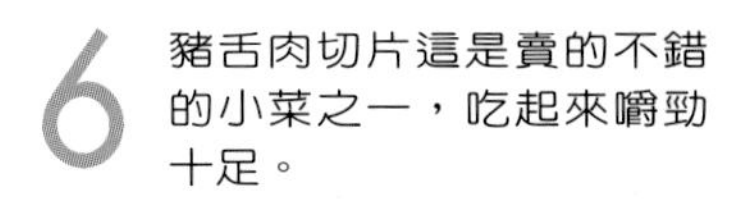

7
切好的豬舌
肉裝盤。

8

淋上自製的醬汁。

9

撒上薑絲，增添美味。

10

完成後的米苔目及豬舌肉小菜。

在家DIY小技巧

可以將買來的米苔目先淋上些許高湯，再放進電鍋裡蒸，和泡在水裡煮的口感會有所不同，但是要注意不能蒸太久，在蒸煮的同時也記得偶爾將高湯淋在米苔目上面，以免米苔目水分失去太多，影響口感。

美味見證

退休後時間變多了，我們就喜歡到處吃美食，尤其是有古早味的傳統美食，「勇伯米苔目」是我們很習慣吃的一家店，住在這裡這麼久了，還是覺得「勇伯」的米苔目最好吃，它的湯頭煮得很香很夠味，米苔目QQ的滑溜又順口，很合我們的胃口，三天兩頭就往這裡報到。

蘇文秀（七十一歲，退休）
王月梅（六十三歲，退休）

獨家祕方

淋在小菜上的醬汁是老闆娘的婆婆研發出來的，一直延用至今，有豆腐乳和辣椒的味道，是搭配小菜的最佳佐料。因爲老闆娘不便透露內容，筆者根據坊間餐館主廚醬汁的調製方法與材料整理，內容大致如下，可視顧客反應再作比例調整。

材料：醬油膏2大匙、蕃茄醬3大匙、冰糖2大匙、烏醋2大匙、香油1大匙、蔥末、薑末、蒜末、辣椒末各少許。

作法：將所有材料混合拌勻即可。

用途：這醬汁適用於海鮮類及肉類用水煮川燙的烹調方式來使用。

四海豆漿

古早味豆漿香醇樺順．手工製麵餅札實美味

客倌若是還想嚐新鮮．試試山藥薏仁、肉燥麵

四海豆漿

DATA

老闆：李美珠
店齡：12年
(四海豆漿此一招牌已有三十多年歷史)
創業基金：約100萬
人氣商品：豆漿（元/碗）、小籠包（元/籠）、燒餅（元/份）
每月營業額：約80萬
每月淨利：約40萬
產品利潤：約5成
營業時間：20:00~11:00
店址：金山南路一段139-1號
（東門市場口）
電話：（02）2394-3923

美味評比 ★★★★
人氣評比 ★★★★
服務評比 ★★★★★
便宜評比 ★★★★
食材評比 ★★★★
地點評比 ★★★★
名氣評比 ★★★★
衛生評比 ★★★★

喜歡吃傳統的北方麵點嗎？一大清早就可以吃到媽媽從菜市場買回來的豆漿、燒餅、油條跟饅頭，相信是很多人腦海裡溫馨的回憶，能夠在一天的開始，就由一股濃得化不開的黃豆香揭開序幕，是何等幸福的事啊！

「四海豆漿」是一家歷史悠久的北方豆漿麵食店，店內賣有各式各樣的麵點，像是煎餃、饅頭、燒餅、小籠包、油條、飯糰等，還有中國早餐的代表性飲料－豆漿、米漿。一踏進店裡除了撲鼻而來的濃濃黃豆香，空氣中還飄散著道地北方麵餅的芝麻清香。店內

對很多人來說，肚子餓時這裡就是一座明亮的燈塔，讓不論是早起或是晚歸的人都可以飽餐一頓。

高朋滿座，服務人員臉上堆滿笑容，親切的招呼客人，不時可以聽到老闆娘跟老主顧們噓寒問暖一番。

從第一家「四海豆漿」開幕，這個招牌已有三十幾年的歷史，它是一個長輩拉拔晚輩、親戚朋友間互相扶持，像個大家族的企業，傳到老闆娘手上已經是第四代。全省各地所有的「四海豆漿」老闆全都是來自同一個地方─苗栗縣西湖鄉，所以老闆娘很感性的說：「看到四海豆漿就像是看到了我的故鄉」。

心路歷程

老闆娘是在結婚後開始想自己創業，剛好舅舅在土城開豆漿店，生意做得有聲有色，於是老闆娘就去跟舅舅學做豆漿的功夫，大約花了半年的時間學會煮豆漿、做麵點，便出來自立門戶。談到當初爲何選擇開豆漿店，老闆娘笑說同鄉的近親中有那麼多人在做豆漿店生意，而且都經營的不錯，她覺得只要照著學經驗，做這行是一定不會賠錢的。

老闆娘的「四海豆漿」開業至今已經有十二年了，開始的前十年店開在八德路上松山火車站斜對面，在九二一地震發生後，才搬到現在的東門市場門口。老闆娘說在跟舅舅學做豆漿時，以及後來我們這裡的東西都是人氣商品，每樣東西都賣得很好，不信？自己來嚐嚐。

自己正式開業後，並不覺得有特別辛苦的地方，她給創業者的建議是這一行的工作時間很長，遇上生意好的時候，還常常得犧牲睡眠，沒有刻苦耐勞的心理準備是做不下去的。

老闆娘・李美株

「四海豆漿」剛開店時，生意並不好，老闆娘說萬事起頭難，雖有靠毅力持之以恆，並且努力維持品質，再加上一點創新的能力，才能使生意步上軌道。豆漿店生意後來雖然漸趨穩定了，但老闆娘並不滿足於現狀，仍致力於開發、引進更多新口味，希望能使業績更上層樓，四海豆漿的山藥薏仁露，就是很受歡迎新產品。一杯淡紫色的健康飲品，口感滑順像在喝米漿，甜甜的味道散發一股山藥味，美味又有健康概念。此外，由於營業時間橫跨宵夜及早餐時段，所以老闆娘特地研發了獨家香菇肉燥麵，提供顧客更多的選擇，結果也頗受好評。

經營狀況

命名

看到四海豆漿就是看到了我的故鄉。

三十幾年前，苗栗縣西湖鄉「四海豆漿」的創始人在台北經營豆漿店生意有成，於是回鄉倡導親友一起做生意，表示同鄉中只要

有人想做豆漿生意的，都可以來找他學手藝開店。當時鄉下工作機會不多，創始人近親中不少人的子女有就業問題，於是就上台北找他學手藝，等學成後再出來自己開店。後來「四海豆漿」漸有名氣，生意蒸蒸日上，加入豆漿店經營的人手也愈來愈多。現在「四海豆漿」遍布全省各地，這些店老闆都是苗栗西湖人，也因此老闆娘才會說：「看到四海豆漿就像是看到了我的故鄉」。

地點

市場的人潮多又熱鬧，客源一定多。

搬遷到東門市場，不但沒有流失顧客，反而附近的居民也都變成常客，可見食材美味是抓住客人的秘訣之一。

一開始，老闆娘的「四海豆漿」開在八德路上松山火車站斜對面，距離饒河街夜市很近，早上有火車站的通勤人潮，晚上也有逛夜市的人潮，是相當熱鬧的地點。但是在九二一地震發生後，因為原來的店面太老舊，影響到生意，又剛好租約到期房東不想續約，老闆娘才想到另外找地點營業。

經過審愼的觀察評估，老闆娘決定將四海豆漿移到東門市場門口，原因是她發現附近沒有同性質的店，其次是東門市場門口的人潮多又熱鬧，而且來市場買東西的人，基本上也都是很習慣吃豆漿店傳統早餐的族群，所以便決定搬遷至該地。

租金

每月租金六萬，店家加廚房約有四十多坪，唯廚房要與其他店家共用。

位在東門市場門口的「四海豆漿」，店內坪數共約有四十多坪，每個月租金六萬元，扣掉廚房部分，店的前半部還有將近二十至三十坪空間，店內桌椅擺設大約可容納二十人左右。比較特別的是在東門市場的租約規定裡，後面廚房是大家公用的，所以還得跟其他兩家店家共用廚房，其中有一家因爲商店屬性的關係用不到廚房，所以也只需跟另一家共用廚房。

硬體設備

林林總總大約六十萬，每年定期保養一次，一台九萬九千元的冰箱可以用十年。

店裡的硬體設備大多是從環河南路買回來，加總起來要花掉大約六十萬元，不過這是以前的價格，現在則不一定。其中價錢最貴的是用來冷卻豆漿的冰箱，剛煮好的熱豆漿馬上就可以放進去冷卻成冰豆漿，一台冰箱要九萬九千元，一部自動煮豆漿機也要兩萬四千元左右。

器材設備的汰換率方面，冰箱雖然價錢貴了些，還好每年固定

保養一次，一台就可以用上十年，而汰換最快的是磨豆機，每兩年就要換一次。其他的設備項目還包含油鍋、烤箱、煎台、蒸爐、桌子、椅子。怎麼買才划算？老闆娘說應考量自己的需求來做選擇，現在的機器設備一再改良更新，不論是哪一種機型用習慣了都很順手。

食材

因為供應的食物總類多，食材的保鮮也就相當重要。

「四海豆漿」店裡供應的食物種類選擇相當豐富，所需要的食材種類相對的也很多，老闆娘表示她平均一個禮拜要進一次貨，依各類食材的實際消耗情況進貨。

使用量大的麵粉及黃豆則是跟廠商批貨。黃豆的挑選著重在顆粒飽滿、色澤漂亮，豆子的品質關係著磨出來豆漿的品質，所以豆子的挑選很重要，不能馬虎。在大批黃豆買進來後，都要經過篩選才會放入磨豆機裡研磨，以確保製作出來的豆漿品質鮮純。

成本控制

老闆娘說，她就是知道做這個生意一定不會賠錢。

一杯濃醇的米漿加上皮薄餡多的小籠包，配上薑絲及特製醬料，令人食指大動。

從創業之初，老闆娘就是跟著舅舅的腳步走，而舅舅經營豆漿店的經驗老道，所以一路學下來，有需要什麼就買什麼設備，該怎麼做就怎麼去做，沒想太多，也沒有特別去估算或控制成本。老闆娘說有前人的寶貴經驗，她只知道跟著做一定不會賠錢。

在食材的成本控制，老闆娘平均一個禮拜要進一次貨，依各類食材的實際消耗情況進貨，每次進貨成本約一萬多元，每月約四萬多元，大部分食材是跟廠商叫貨請他們送貨來，價格不

見得便宜，倒是它的便利性，省掉親自挑選的時間，因爲都跟廠商合作十幾年了，需要什麼品質的材料，廠商都很清楚。

人事成本控制上，因爲豆漿店的營業時間長，十五個小時橫跨兩個工作天，老闆娘在人員安排上採輪班制，晚上八點開店時，現場需要四到五人，半夜一點交班後只需二人留在店裡，到了早上是最忙的時候，則需要有七位人手在才忙得過來，人事成本估算約佔每月營業額的三分之一，大概是二十萬元左右。

口味特色

老闆娘很有自信的表示，店內每樣東西都是超人氣商品，每樣東西都很好吃。

「四海豆漿」的麵點都是手工自製，饅頭紮實有咬勁、燒餅酥脆不油膩，吃得到麵餅實在的味道。小籠包的皮薄餡多湯汁也多，而且老闆娘煮出來的豆漿濃純卻沒有燒焦味，聞的到清香的黃豆原味。

老闆娘很有自信的說她店裡的東西，每樣都賣得很好，沒有所謂的人氣項目，也沒有不好賣的項目，比較特別的，就是當初有人來推薦試賣山藥薏仁露，老闆娘覺得這東西好喝又有健康概念，同時也想讓店裡的商品更多元化，所以就推出了這種口感滑順而不甜膩的健康飲品。

另外，在一般豆漿店看不到的香菇肉燥麵，在「四海豆漿」店裡也頗受好評。老闆娘說豆漿店全省都有，她想要提供顧客更多的選擇。利用在蒸小籠包的時候，順便蒸熟油麵也很方便，不須再另外購置煮麵設備，沒想到香菇肉燥麵一上市即大受歡迎。下次去四海的時候，可別忘了嚐嚐看。

客層調查

道地的北方麵點，老闆娘親切的招呼，不論是老一輩或年輕一代的都愛吃。

「四海豆漿」的營業時間從晚上八點到隔天早上十一點，從清晨就有很多早起運動的伯伯、阿嬤來吃豆漿、燒餅、油條，接著是趕著上課的學生及上班族來買早餐，晚上宵夜時間又有許多晚下班的人來這裡祭祭飢餓的五臟廟，算下來各種年齡層的人都有。其實大家對這些北方麵食都很熟悉，都有共同的回憶，很多人甚至覺得早上一定要喝豆漿才算吃過早餐。口味眾多也是它的賣點之一。

老闆娘從之前的松山火車站開業至今有十二年了，因爲重視服務品質，總是笑臉迎人，講求人情味，所以儘管這兩年豆漿店搬到東門市場後，很多認識老闆娘的老顧客，還是習慣來東門市場吃「四海豆漿」。

未來計畫

同鄉裡有人想開店的，誰學會了手藝就可以出來開。

因爲有點像家族企業的經營模式，目前只有讓家鄉裡的人來經營，所以目前爲止並沒有計劃開放給外人來加盟。而擴點計劃則是家鄉近親裡有人想開店的，只要到四海學會手藝，就可以出來開分店。

四海豆漿

項目	說明	備註
創業年數	12年	四海豆漿此一招牌已有三十多年歷史。
創業基金	1,000,000元	
坪數	40多坪	廚房3至5坪與人共用
租金	60,000元	含地下室住家
座位數	20位	
人手數目	2 至7人	依忙碌程度安排，早上7人、晚上4至5人、半夜2人，每月人事薪資約20萬元左右。
每日營業時數	約15小時	
每月營業天數	30~31天	
公休日	三大節日	端午、中秋、春節
平均每日來客數	平日200人、假日400人	
平均每日營業額	27,000元	
平均每日進貨成本	3,300元	
平均每日淨利	14,000元	
平均每月來客數	9000人	
平均每月營業額	800,000元	
平均每月進貨成本	100,000元	
平均每月淨利	400,000元	

★以上營業數據由店家提供，經專家估算後整理而成。

成功有撇步

老闆娘最重視、最引以為傲的成功撇步就是親切的服務態度。豆漿店賣的東西是許多人從小吃到大，也都很熟悉的食物，「四海豆漿」除了提供一定品質的食物之外，還有什麼可以給客人呢？這將是讓豆漿店業績更上一層樓的重點。老闆娘認為服務態度相當重要，如果在一天的開始就碰上笑容滿面的商家，相信客人的心情也會很好，顧客忠實度也相對地提高，這一點由「四海豆漿」搬到東門市場後，還是有很多老顧客特地前來消費可得到證明。

另外老闆娘認為創新也是經營成功的要點，要勇於推出既有菜單上沒有的項目，試了之後受到歡迎就是成功，效果不好的就再換別的，沒什麼不能試的。例如之前「四海豆漿」賣的蘿蔔糕是客家式，料多又費成本，原本期待口味有異於其他店家，會帶來不錯的成效，不料一般大眾吃不慣客家風味的蘿蔔糕，賣的不好，老闆娘只好改賣港式蘿蔔糕。

最重要也是最根本的一點，做生意要持之以恆，剛開始名聲還沒打開之前，做生意靠運氣，有多少客人經過注意到這家店，就有多少客人上門消費，但是只要維持住店內菜色的品質，時間一久自然而然，有許多喜歡這裡口味的客人會繼續來消費。

香菇肉燥麵也是店裡的人氣食品之一，香Q的麵條加上精心熬製的肉燥，抓住了許多客人的胃。

豆漿

作法大公開

作法大公開

★材料說明

製作豆漿，最重要的材料就是黃豆了。豆子的好壞關係著磨出來豆漿的品質，所以挑選黃豆時要特別注意豆子的顆粒是否飽滿、色澤漂不漂亮，絕不能馬虎。遇有變色或乾扁的豆子一定要挑出來，才能確保製作出來的豆漿鮮純味美。

項 目	所 需 份 量	價 格
黃豆	半斤	10到20元

★製作方式

1 前製處理

黃豆必須預先泡在水裡4至6小時，才可進行以下動作。

2 製作步驟

1 把瀝乾的黃豆放入磨豆機中。

2
磨豆機進行第一次的磨豆，第一次的豆渣很粗。

3
把第一次磨好的粗豆漿加水，比例為1：4。

4
把加好水的粗豆漿再倒進濾豆渣機。

5 再次磨出來的即是所謂的生豆漿。

6 最後把生豆漿煮沸後，就是一般喝的未加糖豆漿。

一杯香醇的豆漿，搭配上四海的北方點心，讓人吃過就難忘。

獨家祕方

四海豆漿和永和豆漿不一樣的地方，就是豆漿裡頭沒有燒焦味。有人喜歡永和豆漿的焦味，但如果你不喜歡的話，就可以來喝喝看四海豆漿那種甘甜順口、滿口豆香味的豆漿。至於爲什麼有此差別，老闆娘說，可能是因爲使用的煮豆漿機不同吧！

在家DIY小技巧

市面上有賣很多小型的磨豆機，大家可以買來自己磨黃豆，煮豆漿喝，黃豆可是非常有營養的食品，尤其是更年期婦女需要的植物性雌激素，這種具有高營養價值的飲品，很適合自己在家做。

美味見證

我喜歡這裡的豆漿喝起來沒有燒焦味。小籠包的皮薄餡多、湯汁鮮美，搭配薑絲、醋及特調的醬料感覺很棒，這邊還有一種特別的飲料—山藥薏仁露，甜甜的口感很好，有一種滑順感。聽說山藥對身體很好，我常常會點來喝。其實常來這裡吃，也是因為吃習慣了這裡的東西，而且老闆娘跟服務生都對客人很和善，來這邊用餐很舒服。

李建清
（二十六歲 服務業）

狀元及第麵線

濃愁的白粥・鮮美的配料
早上來一碗・神清氣也爽

老闆：邱寶珠
店齡：14年
人氣商品：皮蛋瘦肉粥（大35 小30元/碗）、大腸麵線（大30小25元/碗）
創業基金：5萬
每月營業額：55萬元
每月淨利：30萬
產品利潤：約5成
營業時間：06：10～19：00
週日06：10～14：00
公休日：清明節、中秋節、雙十節、春節
住址：台北市開封街一段2號
電話：（02）2388-0875

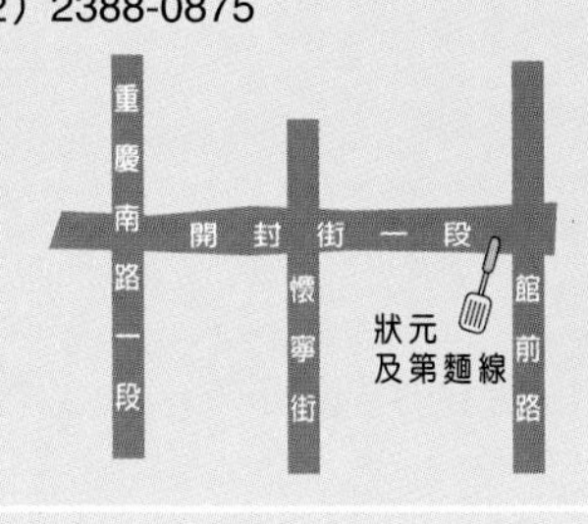

美味評比

人氣評比

服務評比

便宜評比

食材評比

地點評比

名氣評比

衛生評比

古早的時代，大陸南方有些地方像廣東、香港，有一種叫做米漿或糊的東西，做法是將飯及配菜全放進一個大鍋裏，一直煮到它呈糊狀便完成了。那時因爲它的質稀量少，算不上是正餐，通常都當點心或零食來食用。引進台灣後，再加上一些配料如油條、皮蛋、蝦仁、蛋花…等，便是一碗香噴噴、熱騰騰的廣東粥了。

在開封街上有一家店面很小，生意卻很好的「狀元及第麵線」，店裡約一坪的空間呈長方形，擺著一鍋一鍋種類不同的粥，只露出一面小開口，服務人員站在門口，手腳俐落的招呼著川流不息的顧客。

「狀元及第麵線」最初是賣廣東粥，其特點是粥米爛而不糊，粘度適中，口味清淡的粥，加個皮蛋瘦肉或是牛肉、雞肉、吻仔魚的成就百變的風味。然而時機歹歹，做生意講求帳面有進帳，只要能增加營收的商品都值得試一試，所以雖然掛的招牌是賣粥，但是店裡也有賣大腸麵線，而且賣的很響亮，賣到連招牌上面也要掛麵線的名字。一碗份量充足的廣東粥和大腸麵線，讓在附近上課補習的學生吃得美味又吃得飽。全仗老闆娘的巧手匠心，挑選了上好的材料，才能做出如此名聞遐爾的美食。另外還有其他像玉米濃湯、羅宋湯等湯品也漸漸成爲熱門商品。

一坪左右的空間，老闆娘一天卻可以賣出好幾鍋粥呢！

心路歷程

老闆娘邱寶珠是台北人，結婚後跟著先生到高雄一起經營電動鐵捲門的生意，但是老闆娘在高雄住不慣，他們的鐵捲門事業又剛好碰到瓶頸，而且小孩子想上北部就學，於是全家便一起遷往台北發展。

到台北後，兩人在今天的麟光捷運站附近開始做起鐵捲門的生意，結果卻意外發現，在寸土寸金台北，商家大多不捨得挪出一些空間來裝設電動鐵捲門，一時之間生意比在高雄更差。後來又碰到麟光捷運站施工，店內的電話線無法架設，沒有電話，對原本就乏人問津的鐵捲門的生意來說，更是雪上加霜。

我選用的都是上好的食材，賣出的價錢又很公道，吃過的客人都說好。

老闆娘．邱寶珠

想到家族裡有人經營粵菜餐館，老闆娘便決定向親戚學習煮粥，賣廣東粥。剛開始她選擇在景美的中國工商專校附近擺攤子，鎖定學生族群，因爲學生人潮太多，廣東粥的生意好得讓老闆娘忙翻了，只要鍋裡的粥賣的差不多時，老闆娘的兒子就會趕著她收攤，因爲買粥人實在太多了，忙到他們連看到人就會怕，只想趕快離開！雖然只是一句玩笑話，不過也可以看出當年擺攤的盛況。

擺攤子的那兩年是生意最辛苦的時候，長時間只能站著，一大早凌晨三點就要起床煮粥，老闆娘坦言她常常爬不起來，尤其是冬天的時候更是難熬，還好在那裡擺攤鮮少被警察取締，老闆娘慶幸的說，從頭至尾只接過一張罰單，否則可眞是划不來。後來爲了求穩定發展，她開始尋找店面，前前後後換了四、五個地點，最後在學生及上班族群多的開封街落腳，一做就是十二年歲月。

經營狀況

命名

在香港做市場口味調查時，覺得「狀元及第」名字很棒，直覺就是它了。

因爲家族裡親戚開的店是粵菜餐館，爲了學習到眞正廣東粥的精髓，老闆娘還不惜成本特地到香港見習，嚐嚐香港市面上受歡迎的廣東粥口味，回家後自己反覆練習，直到做出合意的味道爲止。

在香港考察市場時，老闆娘看到粵菜中有一道狀元及第粥，覺得這個名字很棒，有吉祥、福氣的意涵，所以就決定用「狀元及第」來當店名。當店裡的粥品生意蒸蒸日上，老闆娘趁勝追擊，又推出大腸麵線，反應也很不錯，跟粥品的銷售實力旗鼓相當，於是便在「狀元及第」後面再加上「麵線」兩字，成了「狀元及第麵線」。老闆娘還特地將這個店名登記註冊，所以「狀元及第麵線」可是全台僅此一家，別無分號哦！

地點

好幾個朋友一起做，爲求區隔客群集鎖定學生族群，選在開封街。

一開始老闆娘選擇在景美的中國工商專校附近擺攤子，做了兩年的流動攤販後，爲求穩定才考慮尋找店面。從老闆娘不惜大老遠

飛到香港做口味的市場調查，可看出她做粥品生意的熱忱和決心。老闆娘還找來一群好朋友，由她負責煮粥，讓其他人自己選點開店賣她煮的粥。這群朋友中有人的店開在西門町，有人開在南陽街，為了區隔彼此的客群而不互搶客源，老闆娘選在另一條補習街——開封街上，因為地緣關係，靠近台北火車站附近非常熱鬧，學生、上班族人潮相當多，所以根本不會發生搶客人的情況。

租金

人潮擁擠、熱鬧近台北火車站的熱門地段，租金二坪四萬元。

「狀元及第麵線」在開封街上佔地實際使用到的只有一坪，但在土地權狀上登記的是二坪多，其它的一坪多是屬於公共設施的空間，每個月租金要四萬元，老闆娘怕許多想從事此行的創業者被這種價錢嚇壞，連忙強調租金的高低會因為地段的不同而有所區別。台北火車站原本就是小吃業的人潮標的，許多人都想在附近擺攤設位，可謂一攤難求，因此租金高是理所當然的。其實若是只以一台粥車來做，租金的部分可以控制在比較低的價位，而且還可以選擇購買中古貨，一台粥車大約在二至三萬元左右。

清晨天還沒有亮，狀元及第的生意已經開始了。

硬體設備

煮粥器具不算，賣粥的生財工具三萬元，不想買全新的可以買中古貨。

老闆娘在自己家裡有一個專門用來煮粥的地方，裡面空間很大，兩條主要瓦斯管線，將十幾個爐子串聯在一起，每天凌晨三點老闆娘和四、五個合夥的朋友一起到這裡來煮粥，十幾個爐子一起開火，三十幾個鍋子的粥在這裡製作出來，再分送到各個點販賣，這些硬體設備約需五萬元。煮粥的地方因爲是自己住家的空間，算一算，租金約一萬元左右。另外因爲是跟朋友合夥，又一起煮粥，煮粥的材料都是由老闆娘購買，也算在進貨成本裡，至於營業額她沒有抽成。

想要創業的人可參考目前老闆娘開在開封街的店，有一個爐子跟幾個鍋子，在需求量大於供應量，粥品不夠賣時，老闆娘可以當場煮粥，其他還需要一個保溫箱維持粥品的溫度，另外有一白鐵材質的營業台及一張工作台，都是老闆娘自己工廠訂做的，老闆娘估算這些生財工具約需花費三萬元。不想買全新的器具也可以選擇購買中古貨，除了可以到中正橋下購買外，也可向有門路的熟人購買。

為了煮粥，老闆娘在天未亮時就要起床勞動了。

食材

材料的選用都是上等貨，爲求品質卓越，不惜提高成本。

老闆娘做生意非常注重品質，材料都選用上等貨，雖然成本高了點，但是品質做到了，比如沙茶醬就要用牛頭牌的，不用其他價錢雖低但品質不是最好的沙茶醬，連胡椒粉也講究，普通一袋賣一百多元的胡椒粉，她都是用一袋兩百多元的。曾經有人介紹老闆娘使用價格低廉的胡椒粉，結果整鍋粥的味道全變了，老闆娘趕緊把那整罐的胡椒粉送給別人，不敢再用。老闆娘每隔一個禮拜要進一次貨，像調味料如沙茶醬、胡椒粉都在專賣南北乾貨的迪化街批貨，請商家統一集中後送到店裡。至於肉類食材如豬肉、牛肉、雞肉及其他的冷凍類食材則沒有固定的進貨時間，材料快用完了就進貨，約三至四天叫一次貨。

米的部分雖然用的是蓬萊米，老闆娘仍然選用壽司米等級的米來煮粥，壽司米一般被拿來做魯肉飯的米，其特性是又香又Q，拿它來煮粥表現出老闆娘的用心。麵線也是選用新竹的上選手工紅麵線，老闆娘表示她吃過這麼多家的麵線，就屬這家工廠的麵線柔軟有彈性最好吃。

其它材料如皮蛋，也是老闆娘萬中選一，最早選擇一家設址新店的皮蛋加工廠，這

家工廠以前自己養鴨，並醃製皮蛋。後來台北縣禁止養鴨，他們的鴨蛋就從南部進貨，據老闆娘表示這家工廠醃製的皮蛋比較香，所以跟這家工廠訂貨也有七年了。

成本控制

因爲食材都是上等貨，相同品質的東西更要透過不斷的比價以壓低成本。

在成本的控制上，老闆娘因爲所有材料都堅持選用上等貨，而且食材消耗量大，米一天就要用掉一百五十斤，一包二十斤重的手工紅麵線，一個禮拜至少也要十五包，皮蛋一個禮拜要訂十幾箱，相形之下提高了不少食材的支出成本，爲此老闆娘也不斷的在材料的選購上比價，相同品質的東西，希望能以更低的價格買到。據老闆娘估算粥品的利潤成本，其投資報酬率約在三至四成。

另外在人事成本的支出方面，老闆娘表示她不會吝於給雇員的薪資，目前店裡的人手安排爲早上兩人，晚上兩人，不包含老闆娘，總人事開銷一個月約十萬元。經營小吃店十九年了，老闆娘發現，因爲天氣炎熱，夏天粥品的生意比較差，連九月份學校開學註冊時，店裡的營運狀況也會稍差，所以進貨量也會跟著季節不同要隨著做調整。

口味特色

米熬得香滑綿密，皮蛋瘦肉粥及大腸麵線最受喜愛。

「狀元及第麵線」賣的粥品屬於廣東粥類，米熬得香滑綿密，不需要多加咀嚼就可吞下肚，其副材料眾多，種類有皮蛋瘦肉粥、牛肉粥、雞肉粥和吻仔魚粥，另外還有港式玉米濃湯、酸辣湯及羅送湯等三種湯品供消費者選擇。另外在粥品銷路比較差的時候，老闆娘又新增了大腸麵線來賣，推出後市場的反應不錯，最後反而成了店裡的主打品。

麵線賣得愈來愈好，這是老闆娘始料未及的，也讓顧客多一種選擇。

在「狀元及第麵線」店裡，賣的最好的商品是皮蛋瘦肉粥及大腸麵線，所有材料都是經過精挑細選、各方比較過的上選貨。要熬一鍋好粥，老闆娘認為最重要的就是用料新鮮，唯有新鮮的食材，才能保持粥品的鮮味及品質。除此之外，火侯及水米比例也同樣重要，老闆娘在烹調時拿捏水量、米量的比例均勻，煮約一小時後的粥品濃稠度適中，不會太稀，讓顧客可以吃的好、吃的飽。

客層調查

老闆娘明白的表示，她最主要是做老主顧的生意，而非散客。

「狀元及第麵線」在開封街因為靠近台北火車站，人來人往非常熱鬧，學生、上班族人潮尤其多，老闆娘明白的表示，她最主要的目標是要抓住老主顧的消費習慣，並不是做散客或流動客人的生意，所以東西要眞的好吃、是眞材實料，顧客才會再來光顧。

秉持著這種想法與做法，有許多老顧客還是很喜歡來「狀元及第麵線」吃粥，其中有一位從老闆娘在中國工商專校擺攤時代，就時常來買粥的女學生，一直到現在當了媽媽，仍然常來吃，有了顧客的支持，讓老闆娘更堅信自己的理念。

未來計畫

大力推廣粥車生意，由她當粥品批發商，不收任何加盟金。

老闆娘對粥品生意是全心投入的，她大力推廣粥車生意，招募有志賣粥的人一起做生意，由她當粥品批發商，想自己開店的人只需自己找店面或找點設攤，賣她煮好的粥品，所有材料包括配料都跟老闆娘批貨，這種方式並不是加盟，因此不收任何加盟金，店名也可以自己決定，沒有一定要使用「狀元及第麵線」的招牌或店名，店的規模可大可小，賣法很簡單，這種生意適合想經營小吃店，又不想自己動手烹調食物的人。

項目	說明	備註
創業年數	14年	攤販2年。
開業資金	約50,000元	
坪數	1坪	權狀2坪多，其餘是公設部分。
租金	40,000元	煮粥作業的地方酌收1萬元的租金。
座位數	無	全部都外帶
人手數目	4人	不含老闆娘及煮粥作業的人員，一個月人事費用約10萬元。
每日營業時數	平日12.5小時	星期日7.5小時
每月營業天數	30~31天	
公休日	四大節日	清明節、中秋節、雙十節、春節
平均每日銷售數量	約450碗	
平均日營業額	約18,500元	不包含朋友們開店的營業額
平均每日進貨成本	約3000元	不包含朋友們開店的進貨成本
平均每日淨利	約10,000元	
平均每月進貨成本	約90,000元	
平均每月營業額	約550,000元	
平均每月淨利	約300,000元	

★以上營業數據由店家提供，經專家估算後整理而成。

成功有撇步

老闆娘以經營粥品生意多年的經驗，給想要踏入此行的朋友一些建言。小吃店的工作時間很長，每天都得很早起床準備東西，這是比較辛苦的地方。其次是品質的建立與維護，東西好壞是一吃就知道的，自己覺得好吃的東西，消費者才會接受，將心比心選用自己覺得好的材料，才是生意成功的開始。

平心而論，小吃店的成功之道不外乎價格和食物 只要價格公道讓消費者能夠願意嘗試便已經達到吸引顧客的第一步，其次食物本身只要用心製作把每一道料理都當作是自己愛心和誠意的結晶，把客人當作是自己的朋友、家人，只要顧客吃的開心，相信業績也會自動反映出來。

老闆娘近年來一直想要推廣粥品的生意，所以才會前往香港實地品嘗道地的廣東粥，學習他人的長處，再製作出屬於自己的口味。如果有興趣經營小吃店，又不想自己動手再去重頭學習廚藝的人，老闆娘願意提供完成的粥品，交由創業者來買賣，不收加盟金。

美味的玉米濃湯及羅宋湯也是超人氣食品。

狀元及第粥

作法大公開

作法大公開

★材料說明

米的部分，選用壽司米等級的蓬萊米來煮粥，皮蛋，也是選擇一家設址在新店的皮蛋加工廠，他們的鴨蛋從南部進貨，據老闆娘表示這家工廠醃製的皮蛋比較香。自己在家動手做的時候，加不加皮蛋端看個人習慣。

項　目	所需份量	價　格
蓬萊米	一公斤	30到40元
瘦肉	一公斤	80元
蔥	一把	10元
油條	一條	7元
皮蛋	一粒	7元

★製作方式

1 前製處理

把鍋中的水煮開，把米洗淨後加入滾水，大約二小時熬煮成粥。煮的時候要小心，不要把水給煮乾了。

2 製作步驟

1 瘦肉在煮之前先用少量太白粉，稍做混合。

2 把肉抓捏一下，使其有彈性。

3 加入粥裡，和粥一起煮，因為瘦肉一放下去很容易就熟了，所以不用很久。

4 把煮好的肉粥分別倒入小鍋子裡頭。

5 一杯肉粥放入肉鬆。加不加肉鬆端看個人口味。

6 放入蔥花，增添香味。

7 放入油條。

8 放入已經切碎的皮蛋，增加粥的不同風味。

獨家祕方

1.煮粥時，需不停舀動才不致使米粒結塊。

2.肉要最後放進去煮，顏色變了就可以，以免熟煮過久而失去彈性及鮮味。

9 早晨來一碗熱騰騰的粥，不僅暖胃，老闆的用心也讓人溫暖在心裡。

在家DIY小技巧

油條、蔥花及皮蛋隨處可以買得到，煮一些肉粥再加上這些東西，簡簡單單就可做出美味的廣東粥。

美味見證

林淑娥
(三十七歲，自營商)

我是在開封街附近做生意，常常就在這解決三餐，我特別喜歡吃這裡的皮蛋瘦肉粥，味道很實在，皮蛋很夠味，尤其是它的粥煮的吃起來的口感綿綿密密，味道真的很香，有時候肚子不是很餓，一聞到廣東粥的香味，馬上就覺得想吃它一碗才過癮。

三六九素食包子

咬一口齒頰留香．再咬令你難忘懷
三六九素食包子．充滿上海的風味

老闆：吳明吉
店齡：6年
人氣商品：雪裡紅包子（15元/個）
創業基金：約30萬元
每月營業額：95萬
每月淨利：50萬
產品利潤：約六成
營業時間：5：00～12：00、
14：00～19：00
店址：台北市光復南路419巷45號
（光復市場旁）
電話：（02）8780-1949

美味評比 ★★★★★
人氣評比 ★★★★★
服務評比 ★★★★
便宜評比 ★★★★★
食材評比 ★★★★★
地點評比 ★★★★
名氣評比 ★★★★★
衛生評比 ★★★★

包子是中國常見的傳統麵點之一，特點是便於攜帶，吃的時候不會有湯湯水水沾手的情況，所以一般賣包子的店家也就不需要提供客桌椅；另外還有一點，包子冷掉時只要再加熱一下，風味不會有太大改變，所以外出或遠遊時，帶一些包子，餓的時候果腹充飢，很是方便。

光復市場門口有一家小小的包子店，賣的全部是素食包子，從外觀來看它根本不算是一家店，沒有牆壁沒有門面，多數的硬體設備還被擺在馬路旁，若不是周邊圍了一群人，還眞不知這就是名揚

四海的「三六九素食包子」店。包子店麻雀雖小，五臟俱全，蒸籠、保溫箱、麵粉台都有，裡邊忙來忙去非常熱絡，只見工作人員手腳俐落、動作迅速，十秒鐘的時間一個包子就包好了。

三六九就在光復市場旁，小小的一個攤子，那想得到一天至少賣出二千個包子。

「三六九素食包子」的生意之好，每天可以賣出兩千多個包子，其中最著名、賣的最好的是雪裡紅口味的包子。老闆認爲餡料是包子好吃與否的關鍵因素，因此特地拜師學藝，學得一套不外傳的獨門秘方，創造了月入百萬的包子奇蹟。

心路歷程

「三六九素食包子」是由吳家姐弟跟媽媽共同經營，三個人都算老闆，他們從小就住在光復市場附近，媽媽鍾玉惠說她原本在光復市場裡賣雞肉，殺雞、剁雞樣樣來，但是雞肉生意做久了，覺得殺生太多，心中有罪惡感，於是決定改賣素炒菜，以彌補之前殺生造成的罪業。

後來等到小孩長大，想增加收入，正在思考孩子可以從事什麼工作時，有人建議：「去賣包子吧！」就這樣一句簡單的話，使她

老闆娘‧鍾玉惠

想起同鄉遠親中有一位開上海小點心的廚師，老師傅的手藝是家傳的，舉凡各式上海點心他樣樣得心應手，他的上海湯包尤其做的好，而點心的美味也有口皆碑，於是讓小兒子吳明吉去向老師傅學做素包子。

半年學成之後，他們就開始在素菜攤兼賣起素包子。吳媽媽表示包子店生意開張時，正好趕上素食流行的風潮，素包子生意愈來愈好，光是製作餡料都快忙不過來了，沒有餘力再顧及素炒菜的生意，於是決定全心賣素包子。

在剛開始賣包子時，大家手藝還不夠巧，蒸好的包子常常因爲皮破了餡掉出來而不能賣給顧客，賣相不好的包子堆積成山，在不增加成本又要消耗這些賣相不好的包子的狀況下，他們一天三餐都得吃這些包子，現在回想起來，大家還覺得可怕。

經營狀況

命名

「三六九素食包子」的口味是出於「上海三六九」老師傅的獨門秘方。

做包子的手藝是向老師傅學的，爲了感恩老師傅把獨門的包子

餡做法教給他們，所以就以老師傅開的上海點心店的名字「三六九」作爲包子店的名字，如此也代表了「三六九素食包子」的口味是出自於「上海三六九」。

老師傅對自己的包子餡獨門秘方很保護，不輕易透露和傳授，當初吳老闆就是在保證不外傳的條件下才獲得老師傅的首肯，答應教他做包子，因此「三六九素食包子」是只此一家，別無分號的。

地點

附近有住宅區、辦公大樓，不論早上運動或上下班的人潮都多。

一個個白嫩嫩香噴噴的大包子，令人忍不住想大咬一口。

吳老闆一家從小就住在光復市場附近，而吳媽媽原本也就在市場內賣素炒菜，對這一帶相當熟悉，認識的人多，也覺得這個地方很好，人來人往很熱鬧，所以地點還是選在光復南路上。光復市場的特色是附近有住宅區，早上起來運動的人口多，還有許多的辦公大樓，上下班時間人潮多，同時也是生意最忙的時候。

包子店雖然有一半的空間延伸在外面的馬路上，不過也因爲如此，店面與顧客沒有隔閡，顧客可以直接就看到老闆和架上的包子，就算是路過的人，也會因爲包子香的誘惑而停下來買包子呢。

租金

每個月租金四萬五千元，約兩坪左右，沒有牆壁沒有門。

「三六九素食包子」的店面很小，室內空間約三坪大小，它的賣場其實只是從一家雜貨店門口旁邊拉一片遮雨棚出來，約有兩坪左右，沒有牆壁沒有門，室內擺了冰箱、工作平台後就沒剩多少空間，其他的蒸籠、保溫箱只能擺到旁邊的道路上，每個月租金仍要四萬五千元。

因為沒有牆壁沒有門，晴天還好，若遇上了下雨天，裡面一邊捏包子外面的雨一邊飄進來打在臉上，頗為克難。在室外的蒸籠、保溫箱怕被雨淋，也得搬到雨棚底下，賣場的活動空間又更小了。吳老闆也曾想過換大一點的店面，但是找了幾個地方，因為房東怕房子弄髒，不能接受把房子租出去做小吃生意，或者是附近房客怕吵，所以暫時還是留在此地。

硬體設備

開始一家小小的包子店，所有硬體設備花費二十萬元。。

開包子店所需要用到的基本設備包括，製作麵糰的攪拌機、揉麵糰和包餡的工作平台、蒸各類包子的蒸籠、包子蒸好排列上架等待出售的保溫箱，還有冷藏蔬菜、豆沙等各式餡料的冰箱，所有設備加起來需花費約二十萬元，多數設備到環河南路都買的到。

吳老闆則是向賣這類設備的公司購買，可以買到型號較新，功能較齊全的現代化設備。老闆覺得新型的機器比舊型的好用，不過價錢當然會比較貴，要靠自己的需求來決定。現在店裡的機器也比以前多了一些，像蒸籠的數量以前較多，後來因爲業務量增多，光靠蒸籠來不及做出足夠數量的包子，才改用電子式的現代保溫箱。

食材

雪裡紅有一股特別的辛香，荸薺和烤麩增加餡料的清脆及彈性。。

吳老闆表示製作包子的重點在於餡。「三六九」包子的餡料種類多達十一種，有雪裡紅、高麗菜、香菇、竹筍、四季豆、八寶醬、客家酸菜、蘿蔔絲、芝麻、豆沙、五穀雜糧、花捲，其中雪裡紅口味的包子最受歡迎。雪裡紅和芥菜一樣都略有辛辣味，可是「三六九」的雪裡紅包子吃不到辛辣味，風味特別，有點像蘿蔔嫩葉，辛香甘甜，難怪深受饕客喜愛。由於老師傅堅持不透露包子餡料的獨門做法，想要知道詳細的做法，只能從吃包子中自己體會囉。

除了雪裡紅，其他食材還有荸薺和烤麩。烤麩俗稱麵筋，是取小麥澱粉後剩下的膠

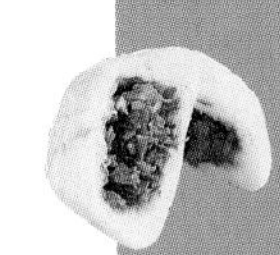

原蛋白烤成，營養豐富，口感最佳，是製作素菜的兩種主要原料之一。餡料會有脆感及嚼勁是因爲荸薺和烤麩的關係。荸薺咬起來清脆，烤麩增加餡料的彈性，所以餡料不會爛爛糊糊的，小小一團餡料照顧到各種口感，用心的結果當然換得顧客的支持。

成本控制

包子的銷路很難掌控，夏天明顯少了兩成，還好食材成本不高。

「三六九素食包子」店一天可賣掉兩千多個包子，賺進兩萬多元的營業額，老闆進貨的次數不固定，因爲包子的銷路很難掌控，就算是銷路最好的雪裡紅包子，在夏天的銷量就明顯少了兩成，原因在於夏天包子保存不易，顧客在夏天的購買習慣改變，早上十點之後因爲天氣炎熱變得比較不想吃熱的東西。對於此現象吳老闆也無力做其他補救

看老闆熟稔的手法，這可是一天可要做出上千個包子得來的。

措施，因爲平時包子店的生意就很不錯，加上人手不足，有時候根本沒有時間接更多的訂單，只好向訂不到、買不到包子的人說抱歉，這一點吳老闆也希望有辦法改善。

吳老闆估計，每個月的進貨成本平時約二十萬元，夏天進貨成本少兩成，約十六萬元，都是就近在光復市場採買。

店裡除了老闆一家三人，還請了一位阿姨跟學徒來幫忙，每個人的分工並不明顯，看到該處理的事情，有空的人就會去做，有時眞的忙不過來了，隔壁鄰居還會幫忙送貨。每天營業時間結束後也還不能休息，得開始準備隔天的包子餡料。付出如此的時間汗水，每個月可以換得約五十萬的豐厚利潤。

口味特色

包子皮不粘牙，口感舒服沒負擔，雪裡紅辛香最受顧客歡迎。

雪裡紅包子是店裡的超人氣商品，銷售量就佔了總收入的六成，所佔的比例頗高。雪裡紅本身雖然略有辛辣味，經過老闆所學獨門做法處理後，辛辣味減少變淡，反而轉爲一股辛香，吸引了許多顧客

不管是什麼口味，口感都是一級棒的。

的口慾。

餡料本身內容豐富，其他還有加了荸薺的包子，咬起來有舒爽清脆的口感，烤麩則是讓餡料增加一些嚼勁的彈性。做成餡料的所有材料都切的很碎，不需要怎麼咬，但是又不會過爛，軟硬適中易入口，所以連附近的老榮民也很喜歡吃。

蒸籠的溫度、水分調理得宜，各個細節環環相扣，蒸好的包子皮鬆軟不會粘手、粘牙，吃在嘴裡的口感相當舒服、沒有負擔。

客層調查

客層廣泛遍布，中南部、國外都有，不再只是特定的客層。

包子店經營的第一年，市場附近的居民是最主要客源，尤其是老榮民、老人家最常光顧。經過一年多的努力，做出了口碑，很多遠地的顧客也特地過來買，各式各樣的人都有，不再只是特定的客層。附近公司的上班族也常派人來買包子，上班時當早餐吃或下午肚子餓了當點心吃，甚至買回家熱一熱當宵夜吃都很過癮。

客層廣是「三六九素食包子」店的特色，許多媒體報導過後，中南部的顧客來訂貨，透過宅急便送貨過去很方便。包子店名氣之響亮甚至連國外都有顧客，有人從加拿大打電話回來，說看到了包子店的廣告，很懷念「三六九」的包子，每次回國都會訂一堆「冷凍」包子帶出國吃個過癮。

未來計畫

餡料手藝絕不外傳，沒有加盟計畫。

當初答應老師傅餡料手藝絕不外傳，所以要談加盟計畫也不可行，除非開店者願意自己揉麵糰，餡料直接由「三六九」配製。況且目前店內生意繁忙，人手稍嫌不夠，全家一起工作感情融洽，老闆也無意另外再開分店。

雖然現在的店面很小很克難，但是老闆一家人覺得目前這種狀況很好，住在這裡幾十年了，左鄰右舍都很熟悉，偶爾還會互相幫忙，而且老闆賣素食包子還有一個關鍵因素，是爲了彌補殺生過多的缺憾，所以並沒有太多拓展事業的計畫，目前也沒有換店面的打算。

項　　目	說　　明	備　　註
創業年數	6年	單指包子店生意。
創業基金	約300,000元	
坪數	約3坪	多數硬體設備放置在馬路旁，雨棚延伸出來的賣場約2坪。
租金	45,000元	
座位數	無	皆外帶
人手數目	5人	分工不明顯
每日營業時數	約12個小時	
每月營業天數	約25天	
公休日	每週六、日下午，隔週一全日休	
平均每日銷售數量	2,000至3,000個包子	人數不一定，有很多大訂單。
平均每日營業額	約38,000元	
平均每日進貨成本	約10,000元	夏天生意差2成，進貨量也跟著調整，每日約8,000元。
平均每日淨利	20,000元	
平均每月銷售數量	65,000個包子	人數不一定，通常會有很多大訂單
平均每月營業額	約950,000元	
平均每月進貨成本	約250,000元	夏天生意差2成，進貨量也跟著調整，約200,000元。
平均每月淨利	約500,000元	人事費用約30,000元

★以上營業數據由店家提供，經專家估算後整理而成。

成功有撇步

創業樣樣都得自己來，尤其是像包子這類傳統手工麵點類的生意，手藝當然是最基本的創業配備之一，而熟能生巧是成功的不二法門。從什麼都不會的階段開始，手腳慢、包子皮破餡露是常有的事，但是只要能堅持做下去，終有開花結果的時候，重要的是耐力及堅持。吳老闆也提到，賣素食包子的前提是要有想做好事的心，也就是慈悲心，是以服務大眾為出發點，如此做出來的包子自然而然與其他家的產品不一樣。

其次是要抓住製作產品的重點，像包子的重點在餡，所以要針對包子餡做研究、下功夫，找出最好口味和的方法，讓它成為店裡的特色。像現在大家一說到「三六九素食包子」就會想到雪裡紅包子，接著又想到包子裡有荸薺，吃起來清脆爽口。一家店的東西如果好吃就會讓顧客的忠誠度提高不少，所以秉持著誠信原則，不能偷工減料，維護好店的聲譽，生意就能蒸蒸日上。

雪裡紅包子

作法大公開

作法大公開

★材料說明

材料都可以到市場裡面買到，三六九包子的老闆說，他們從以前就在光復市場賣菜，所以進貨大都是找市場裡的好鄰居買，不僅進貨量大，在人情之下，價格也更便宜了。

項目	所需份量	價格	備份
中筋麵粉	廿二斤一袋	廿二斤／290元	
乾酵母菌	一塊	50克／130元	
雪裡紅	一斤	20-50元	視季節而定
高麗菜	一斤	10-50元	視季節而定
青江菜	一斤	30-50元	視季節而定
烤朕	半斤	30-50元／斤	
荸薺	半斤	50元／斤	

★製作方式

1 前製處理

把雪裡紅、高麗菜、青江菜、烤麩及荸薺等材料切碎，之後混合，加入鹽、味精等調味料拌炒即可。

2 製作步驟

1

把麵粉及酵母丟進攪拌器中。

2

倒入水慢慢調和。（水與麵粉的比例大約是1：2）

3

把揉好的麵團切割成長條狀。

4

再把長麵團分成一塊塊圓塊狀、如手掌般大小的麵團。

5

麵團壓平，
把雪裡紅或
其他餡料包
進去。

6

把包進去的餡
料包好，不要
露出來。

7

再把所有的
盤子放進蒸
器裡蒸十五
分鐘左右。

8

美味的包子，
為美好的一天
揭開序幕。

獨家秘方

三六九包子的獨家秘方就在於它的餡料，但是當年老闆拜師學藝時，已經向老師傅發過重誓，答應他絕不會洩露餡料的秘方，所以這樣美味的包子到底藏著什麼秘密，除了他們自家人，其他人是不會知道的。

不過，三六九包子的餡料都是前一天先做好，把餡料冰起來，隔天再拿到攤子上包，冰凍過的餡料，據說比較有黏性，要做包子比較包得起來。

在家DIY小技巧

可以買中筋麵粉在家自己做麵團，再將做好的麵團切割成小塊狀，再把它壓平均桿成圓餅皮，再包入自己喜歡的餡料，放入蒸鍋蒸即可。

美味見證

魏文堂（二十五歲・花店員工）

三六九的包子口感很棒，咬一口皮和餡都吃得到，而且包子皮不會粘牙，尤其是餡料酥酥鬆鬆的分布在包子裡面，不會像貢丸一樣粘成一團，也不會皮是皮、餡是餡，讓人一口接一口。還有這裡的包子有加了荸薺，咬起來脆脆的很特別。我們花店裡的人都很愛吃，常常叫我出去送花給客戶的時候，要幫他們買「三六九」的包子回來。

周記肉粥店

現煮現賣現嚐鮮・湯濃米Q真功夫
獨家小菜風味佳・令人一碗接一碗

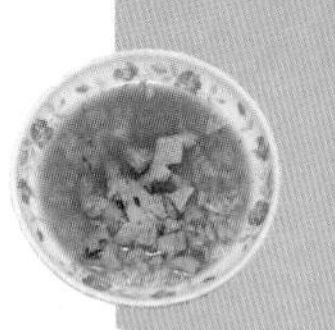

周記肉粥店

DATA

老闆：周意清
店齡：46年
創業基金：約80萬
人氣商品：肉粥（15元/碗）、
紅燒肉(35至100元/份)
每月營業額：約240萬
每月淨利：140萬
產品利潤：約6成
店址：台北市廣州街104號
（龍山寺附近）
營業時間：6：15～16：30
電話：（02）2302-5588

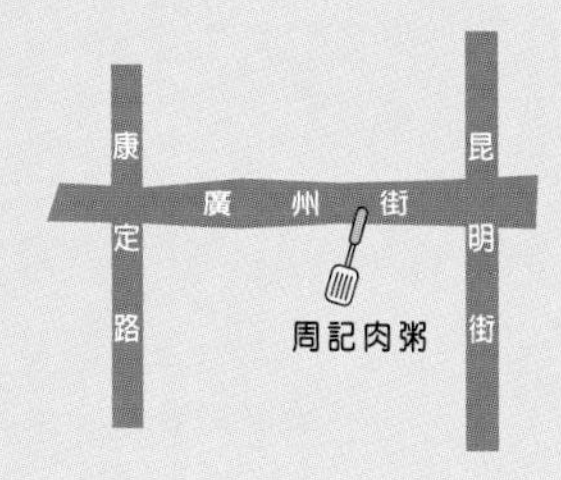

美味評比：4
人氣評比：5
服務評比：4
便宜評比：5
食材評比：4
地點評比：3
名氣評比：4
衛生評比：4

以前總認爲粥是給生病、體力不好、胃口不佳的人，或是牙齒不好、咀嚼有困難的老人家所吃的食物。後來很多人發現在沒有胃口的情況之下，粥品容易下嚥，是個不錯的選擇，香味四溢的粥還容易讓人有再添一碗的衝動。有時候經過一夜，早上起床就已經飢腸轆轆，幾碗粥吃下去把肚子餵的飽飽，精神、體力全來了。

在龍山寺附近的廣州街上，夾在康定路與昆明街的中間，有一家四十多年歷史的肉粥老店，店面不算大，走進去一看才發現裡面

空間很寬敞，在這裡用餐感覺一定很自在。「周記肉粥店」的粥是現煮現賣的，吃到的米粒是完整一粒一粒，有Q度、熟爛卻不會糊糊的。粥裡還有豐富的配料，肉羹、豆皮和紅蔥頭，更添風味，令吃過的人讚不絕口。

偌大的店裡面，顧客來來去去，位置空了不久後就有人坐下來，每個人幾乎都要吃上好幾碗才能滿足。爲應付川流不息的客人，老闆煮粥的爐子就有七個，爐子上的火從早上開門營業就一直沒熄過。

心路歷程

「周記肉粥店」在一九五六年創立，至今已有四十六年的歷史，目前當家的周老闆是第二代的經營者，他接續父親創建的肉粥生意。老闆回憶父親原本是在煤氣工廠上班，但是因爲家中小孩人數眾多，父親在煤氣工廠的收入不敷使用，想另謀出路，於是就想到可以自己出來創業，也剛好父親本身有廚師的底子，由自己料理東西來賣不求人最方便，最後就決定了賣肉粥。

店裡的食材都是當天一早採買的，粥也是現煮現賣，吃到的絕對是最新鮮、剛起鍋的粥。

老闆・周意清先生

最初的肉粥生意是老闆的父親推著攤販車在街上兜售，並沒有能遮風避雨的店面，後來還因故被遷移到較不理想的地點，在生意漸漸穩定之後，爲了不想再搬遷營業地點，才考慮到找個固定的店面。現在的周老闆並不是一開始就繼承父業在店裡工作，他原來從事會計工作，由於從小就常幫忙分擔店內的雜事，所以對肉粥生意一點也不陌生，等到父親年事已高時，才由小老闆接手經營肉粥店生意。

在周老闆接手經營十幾年的肉粥生意後，深刻體會從事餐飲服務業的雜事多如牛毛，大大小小的事都要自己來打點。日復一日處理店裡的這些雜事，如進貨、點貨、煮粥、炸紅燒肉、人事管理…是他最感心煩的事，所以老闆建議想開餐飲店的人，要對此要有心理準備。

經營狀況

命名

四十六年的老店，店名是最近十年才取自創始人的姓氏。

「周記肉粥店」的創始人是老闆的父親，當初是老闆的父親推

站在店門口等候外帶肉粥的顧客也不少，可以說是每天都高朋滿座。

著攤販車在街口叫賣，一個小攤子也沒想過要取名字，大家談到時也都以老闆父親的名字「阿田仔」來稱呼肉粥店，就這樣沒有正式店名的經營了三十多年。「周記肉粥店」的店名則是在這十年搬到現在的廣州街104號時，才以老闆的姓氏當店名，方便大家尋找、稱呼。爲了讓大家知道「周記肉粥店」就是阿田仔的肉粥店，老闆在印製肉粥店的名片時，還在店名的上面加了「田仔」兩個字。

地點

處在康定路與昆明街兩條熱鬧的街道中間，以名氣吸引顧客上門。

最初的肉粥生意是父親推著攤販車，在康定路與昆明街口定點叫賣，後來因爲道路交通整頓的關係攤販被迫遷移至廣州街九十二巷，地點沒有原來的理想，爲了避免再被取締而搬遷位址，也爲求穩定，老闆決定要找一個固定的地點，最後才搬至現在的店面。

肉粥店位在廣州街上，左邊是康定路，右邊是昆明街，雖然處在兩條熱鬧的街道中間，卻剛好面向一排約百來公尺長的古蹟建築

一剝皮寮，對面沒有商店及住家，過往人潮也因而減少。老闆覺得這個地點不甚理想，比起康定路與昆明街口，此地人潮不多，如果肉粥店沒開店做生意時，這一段廣州街上就更顯冷清。因此老闆也曾想過要另覓其它地點，但是基於好店面不易找，找到後的租金是否合理、划算等因素，都還得再三評估才能決定，所以目前還是安於現狀，有好的地點再做打算。

店內的空間寬敞又整齊清潔，顧客吃得舒服，老闆賣得高興。

租金

六十坪每月租金約五千元，不會有隨意調漲租金的虞慮。

「周記肉粥店」所在的這一帶廣州街附近的地，有一部分是屬於仁濟醫院的土地，房子產權是老闆很早以前就買下來了，但一直沒機會用到，反而是再轉租給別人使用。在十年前老闆接手肉粥店後才決定把房子收回來作爲店家，再向仁濟醫院租地擴充店面，老闆表示當初蓋房子時，建商與仁濟醫院簽署了一份合約，所以在此租地不會有隨時被收回或隨意調漲租金之虞，每個月的租金約五千

元，總坪數約六十坪。

店內分成前後兩大部分，前半部擺了兩個大冰箱和一個大營業台，外加一個大型冷氣機後，現場剩餘的空間仍然可容納約六十人的客桌椅。如果顧客太多前半部坐不下，還有後半部最多可容納約三十人，這還不包括中間約五坪的廚房作業區，整個店給人的感覺相當廣敞舒適。

硬體設備

大規模經營，設備相當齊全，總共需花費約一百萬元。

「周記肉粥店」裡的硬體設備爲數不少，有七個可以輪番上陣煮粥的爐子，以應付每天廣大的客群。兩個中型不銹鋼工作平台和一個油炸紅燒肉的不銹鋼炸鍋，還有店面前半部的兩個大型冰箱，一個大型營業台和一個大型冷氣機，設備相當齊全。

另外店裡價格最貴的設備是一部約二十多萬元的洗碗機，價錢雖貴但功效十足，它負責了大量碗盤的清洗工作，減輕了人員的負擔，也縮短了清洗碗盤的時間，相當實用。

以上硬體設備總共需花費約一百萬元，不過這些算是較大規模的硬體設備，創業者可依自己的能力選擇設備項目、大小規模。這些設備的汰換率都不高，唯一較高的是碗盤，因爲瓷碗容易打破，破了就要隨時補充。否則那種有缺口的碗，容易讓顧客感覺得不舒服，在使用的時候也可能會有割傷嘴唇的危險性。

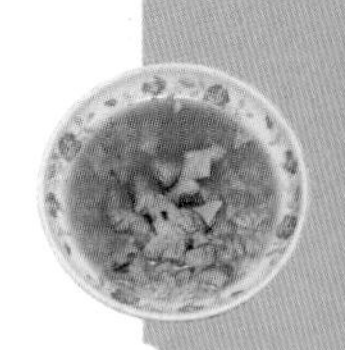

食材

中肉不能挑太肥或太瘦，比例適中才能兼顧各種顧客的口感。

周記的肉粥所用食材種類很多，包括米、肉羹、豆皮、紅蔥頭、蝦米、鹽、味素、醬油，使肉粥的口味豐富許多。當中的肉羹是老闆店裡自製的配料，買豬里肌肉切片混合魚漿攪拌製作出來；豆皮則是買包裹壽司用的豆皮，切塊加入肉粥當配料。

小菜類供應的項目有豬心、豬肝、生腸、雞肉、花枝和紅燒肉，其中最令顧客稱道的是俗稱叉燒肉的紅燒肉，很多顧客向老闆反應，周記的紅燒肉口味是別處吃不到的，炸的香香酥酥、不油不膩，口味鮮美獨特。紅燒肉老闆稱之爲中肉，就是俗稱的三層肉，挑選中肉時要注意不能挑太肥或太瘦，肥瘦肉的比例適中才能兼顧各種顧客的需求，也才容易把當天的貨全數賣出，否則有人愛吃肥肉，有人不敢吃肥肉，挑了太肥或太瘦的中肉，當天的紅燒肉就容易有存貨。

剛起鍋的肉粥馬上移至營業台上，浮在湯面上的是豆皮，鍋底的則是肉羹。

成本控制

營業狀況穩定，每天買多少食材賣多少粥，不囤積食材。

老闆表示「周記肉粥店」的營業狀況每天相差不多、很穩定，沒有淡旺季之分，不會因爲天氣的冷熱而受到影響，所以老闆每天採買的食材份量也很固定。老闆不喜歡囤積食材，買多少食材賣多少粥，每天的食材份量米八十斤、中肉一百多斤、豬心二十幾個和其他少量的小菜類食物。

因爲老闆採用現煮現賣的方式，當大批顧客光臨，鍋內的粥快要不夠，才動手煮新粥，如此才能保持米粒的Q勁而不會有糊掉的品質，商品也不會有賣不完，老闆以此方式控制食材的支出成本。

人事方面爲因應龐大客源，店裡從開始營業到收工，現場都有七至八人，前面的營業台邊，有一人負責切各類小菜，一人站在粥鍋旁舀粥，一至二位外場服務生，內場廚房有一人負責煮粥、油炸紅燒肉、其他兩人負責清洗工作及各項雜事，老闆不方便透露人事費用，據評估人事費用約佔總營業額的六分之一。

口味特色

粥現煮現賣，米粒有Q度，一粒一粒分開都有熟爛。

「周記肉粥店」的肉粥裡面配料豐富，其中味道最爲突出的是

肉羹及豆皮，這兩種配料增加了肉粥的香味及鹹味。除了配料豐富，老闆表示煮粥最難控制的是米不容易煮開，煮久後沒吃掉放著又很容易糊掉，所以店裡的粥採用現煮現賣方式，不會預先就煮好一大鍋的粥等顧客上門，而是有多少客人才煮多少粥，所以周記的粥米粒有Q度，米粒熟軟、粒粒清楚，卻不會因久煮而糊爛。

從開門營業，爐火就沒有停過，足見肉粥店的生意之好。

除了肉粥之外，店裡的人氣食品是紅燒肉，幾乎每位顧客的桌上都會點上一盤紅燒肉，也有很多老主顧向老闆反應，周記的紅燒肉口味特別，炸的香酥吃起來不油不膩，是他們在別處吃不到的。另外店裡還有自製兩種沾醬也很受顧客的青睞，分別是味噌辣醬、五味醬，五味醬由薑末、蒜頭、白醋、黑醋、醬油膏等醬料製成，配著小菜吃很對味。

客層調查

客層廣，最主要的客源仍然以老主顧爲主。

據老闆的估計，周記各種客層都有，但因爲地點不是在很熱鬧的地段上，平日最主要的客源仍然以老主顧爲主，上班族、學生、老人家、作粗活的工人都是店裡的常客，也常有家庭主婦帶著小朋友一起來吃的，每個來店裡的人一次不只吃一碗粥，大多會吃上兩

至三碗，偶爾也有胃口較大的顧客也會一次吃掉五碗，可見肉粥的美味。

其它如中南部上來的顧客也不在少數，有時也會接到附近大公司或立法委員要購買大量肉粥的訂單，其中令老闆感到最欣喜的是，有許多從國外來的顧客，一下飛機的第一件事，便是迫不及待的過來周記吃粥。

未來計畫

談加盟不適合，開分店人手又不足。

雖然目前沒有人來和老闆談加盟計畫，但老闆覺得粥的特性是不容易煮開，煮久了又容易糊掉，所以才採用現煮現賣方式販賣，若要談加盟，煮粥無法統一由中央廚房來處理，品質上很難控制，因此老闆不認為「周記肉粥店」適合開放加盟。

老闆坦承粥要賣得好不甚容易，以前店裡曾經有人到別處開店賣粥，結果很不理想，最後只好結束營業。自己開分店的作法老闆也曾想過，但是基於目前店裡的人手尚嫌不足，所以也得暫時打消這個念頭，至於未來的計畫，就要看家裡小孩是否有人有意願出來開店。

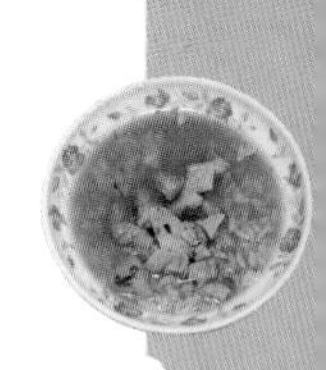

項目	說明	備註
創業年數	46年	目前是第二代經營
創業基金	約800,000元	擴大營業投入的資金
坪數	約60坪	
月租金	約5,000元	房子及一部分土地是自己的。
人手數目	7至8人	算是較大規模的店(工資預估每月約20萬元)
座位數	約80人	
每日營業時數	約10小時	
每月營業天數	28~29天	
公休日	每月不定期公休二日	
平均每日來客數	約800人	每日約賣出1千5百碗肉粥
平均每日營業額	約80,000元	
平均每日進貨成本	約15,000元	
平均每日淨利	約65,000元	
平均每月來客數	約24,000人	
平均每月營業額	約2,400,000元	
平均每月進貨成本	約450,000元	
平均每月淨利	約1,400,000元	

★以上營業數據由店家提供，經專家估算後整理而成。

成功有撇步

老闆認爲賣粥的生意需要一些技巧，因爲粥不容易煮開，煮好了沒賣出去放太久又容易糊掉，糊掉後口感就不一樣，所以如果要開賣粥的店，剛開始一定要做好各方面的評估。例如地點、客層調查和租金，地點不是熱鬧、人潮多就好，還得配合客層的分布。

租金則是不能太高，先降低開店的成本，以延長可接受的開店虧損期，剛開張的店可以給自己設定一段可容忍的虧損期，例如半年或一年，如果支出少，資金就充足，就會有久一點的時間讓顧客熟悉您的商品，也就是延長商品的競爭期。煮粥、賣粥、切小菜都需要人力來做，人事成本是無可避免的，所以在其它方面能省則省，東西實在又好吃最重要。

從事餐飲服務業的工作，每天要處理的雜事眞的很多，老闆一再強調、提醒想朝這行業發展的人，要有這個體認，才不會在日後感到後悔或心煩。

肉粥

作法大公開

作法大公開

★材料說明

製作肉粥所需用到的材料有米，配料有蝦米、紅蔥頭、豆皮，調味料則有味精、鹽、醬油，超市、傳統市集都買得到，沒有特殊的材料，一般民眾在家製作時，也可自行添加喜愛的其它材料、如肉羹、海鮮等。

項目	所需份量	價格	備份
米	1斤	1斤/15元	
蝦米	1兩	1斤/200元	
味精	1茶匙	1盒/250元	
鹽	1茶匙	1公斤/20元	
醬油	1大湯匙	500 c.c. / 70元	
紅蔥頭	5錢	100公克/20元	
豆皮	少許	100公克/10元	
肉羹	3兩	1斤/80元	自己加工製作
中肉	1斤半	1斤/80元	

★製作方式

1 前製處理

（1）米以清水來回清洗，之後靜置浸泡30分鐘，蝦米也須以清水洗滌和浸泡30分鐘。

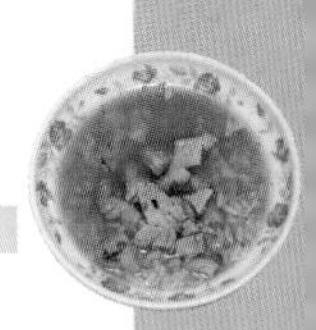

紅蔥頭先以熱油炒過，豆皮切成小塊狀。

（2）肉羹製作方法：里肌肉半斤切薄片泡入醬油一大匙，麻油一小匙，太白粉一大匙， 廿分鐘後拌入魚漿及兩粒爆香的紅蔥頭一大匙。燒半鍋開水，將魚漿肉一塊塊投入鍋中燒開，熟後撈出即是肉羹。

2 製作步驟

1 水滾沸後放入浸泡處理後的米。

2 加入前置處理過的蝦米。

3 煮約七至八分鐘，觀察米粒膨脹飽滿度，米粒要膨脹至稍有破裂即可。

4

米粒煮熟後，加入肉羹，便可以添加鹽及味精。

5

加入醬油調色調味。

6

最後加入豆皮及油蔥（油炒過的紅蔥頭）即可。

7

一碗香噴噴的肉粥完成了。

在家DIY小技巧

米用清水洗過後的靜置浸泡，可使米粒充分吸水膨脹，變得飽滿，便於煮熟。煮的時候注意火侯，水滾沸後放入米大火煮七至八分鐘即可，米粒才不致煮得糊爛。此外大火烹煮時常會碰到粥湯滾沸後溢出鍋外，此時只要在鍋內滴入三、四滴食用油可防止粥湯溢出。

獨家祕方

1. 三層肉：用紅糟粉、水、地瓜粉揉入味，入鍋炸熟盛起切片。
2. 醬料：用紅糟、薑、大蒜、味噌、黑豆瓣醬、黃砂糖、紅糖、鹽、味精、甜辣醬、紅辣椒粉加水煮沸即可當醬汁沾用。

美味見證

簡宏杰（二十五歲・餐飲服務業）

一碗粥裡面配料多、肉羹好吃、米粒Q、味道又很香，一碗才賣十五元，我覺得這裡的粥是真材實料、經濟又實惠，每次來都要吃三碗才過癮。小菜方面我最喜歡點一盤紅燒肉來吃，味道很特別很香，雖然是用炸的，但是吃起來不會感到油膩，是我每次來必吃的東西。

樺德素食

一天一素・體內環保

新素主張・與你有約

DATA

老闆：蔡青穗
店齡：4年
創業基金：80萬
人氣商品：總匯三明治（50元/份）
苜蓿芽捲（50元/份）
每月營業額：63萬
每月淨利：40萬
產品利潤：約6成
店址：台北市虎林街222巷11號
營業時間：平時6:00～20:30
假日11:00～19:30
電話：（02）2726-0860

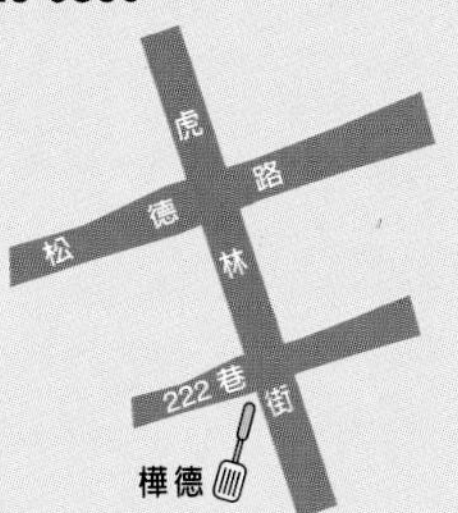

美味評比 ★★★★
人氣評比 ★★★★
服務評比 ★★★★
便宜評比 ★★★★
食材評比 ★★★★
地點評比 ★★★
名氣評比 ★★★★
衛生評比 ★★★★

專家說，一天之中，早餐是最重要的一餐，其次是中餐，最後是晚餐；而早餐的攝取，也是對人體影響最大的。

秉持著讓人吃出健康的理念，樺德素食端出一盤盤精心調理的生機飲食，不僅口感創新，而且特殊的料理方法，也一改以往大家對於素食的印象；鮮度品質百分百的蔬果，再佐以特殊醬料帶出的自然香味，這種新鮮又健康的感覺，就是「樺德素食」老闆所要推廣的素食新風味。

在重要的早晨，擺脫掉那些油膩膩的食物，來盤生鮮蔬果，或

是一杯老闆特製特調的健康果汁，就可以攝取到各式各樣的維生素及營養，而且還都是天然不含人工添加物的素食，相信一定可以為您的身體來個大掃除，讓您感覺一整天都神清氣爽。

「樺德素食」店的外觀，一片綠意盎然，透露著新鮮的氣息。

心路歷程

「樺德素食」雖然才開張短短三年半，稱不上老店，卻能把口碑做得遠近馳名，還能讓客人遠從中南部上來一嘗老闆手藝，這是為什麼？

老闆蔡青穗說，她從前曾幫一家大型連鎖的早餐店做事，再加上她對食物的烹調頗有心得，一直就想要自己出來開一家早餐店。本身吃素的她，想要以新穎的手法來改變人們對素食舊有的看法，讓大家知道，吃素不應是信教人的專利，素食也可以成為一種吃的藝術，所有的人都可以從素食中吃出健康活力。於是，在眾多親友的支持下，她就開了現在這個「西式素食早餐店」。

為了挑選最新鮮的蔬果，蔡青穗每天早上四點就起床，親自到附近的市場採買新鮮食材，附近的居民都知道，她這間店是出名的「嚴選素材」、「吃出鮮味」。在老闆的堅持下，「樺德」就這樣從一開始的虧本，慢慢打平，幾個月後業績開始好轉，不僅在當地社

我堅持理念，希望這家店生意愈做愈好，廣結善緣。

老闆・蔡青穗

區做出口碑，後來佛光衛視還希望和老闆簽約，讓「樺德」成爲他們的特約商店呢！

老闆認爲，經營一家店，最重要的就是「重視顧客的心」。她覺得，大部分的素食料理常有過於油膩，不然就是過於清淡的缺點。她在發明每一道菜式時，就會親自嚐一下口味，一向挑嘴的她，如果都不能接受，又怎麼能期待普羅大眾會滿心歡喜的享用它呢？

另一方面，素食的變化不大，同一道菜如果每天吃，誰都會吃膩，這樣的話，她如何能留住客人的心呢？於是，她在經營「樺德」之餘，她還全心變化菜式，大概每隔三個月左右，就會推出新的菜式，要員工們嚐一嚐，親朋好友試一試，待大家都覺得可以了，她才有信心推廣給客人。

看著「樺德」有些淩亂的菜單，原來，這就是老闆日積月累的用心，以及創造「樺德」如此好口碑的來源。

經營狀況

命名

以夫妻兩人之名爲店名，好聽又好記。

當初在想店名的時候，老闆蔡青穗著實傷了好一陣子的腦筋，本身篤信佛教的她開這家素食店的目的，是爲了澤被眾生，希望把

苜蓿芽捲是店內的招牌之一，裡面豐富的配料，再佐以春捲皮包裹，讓人好想用力咬上一口。

新鮮、有機的概念，灌溉給大家知道，讓大家有養生的概念，能夠藉由食物吃出健康。取店名時，她直覺想到「前人種樹，後人乘涼」這句古諺，所以決定要用個樹名來命名。

但是，世界上的樹千百種，又爲何要選樺樹呢？多虧了朋友的提醒，她想起未改名前，自己的名字裡頭就有個「樺」，於是就決定將店名取做「樺」。後來，在登記營利事業的時候，人家說店名不能只用一個字，她腦筋一轉，乾脆就取一直在背後支持她的老公名字中的「德」字。

「樺德」，不僅期望自己能帶給人們植物最自然的風味，還盼望他們這棵樹種下去，能帶給大家健康的果實，德被四方。這兩個字可是耗費了老闆好大的一番心血，但也充分的表達了老闆對顧客的心意。

地點

店住合一，既方便工作又可親近顧客。

蔡青穗認爲既然要開一家好店，該花的錢還是不能省。而且她覺得附近有許多住家及辦公大樓，應該是蠻適合的地點。所以一開始她選擇了位於松德路上的一個店面，租金大約要七萬元左右，大

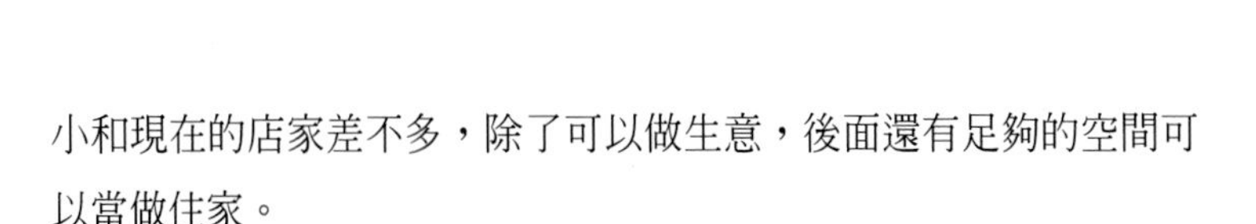

小和現在的店家差不多，除了可以做生意，後面還有足夠的空間可以當做住家。

三年後，她卻突然決定搬到現在虎林街的店面。老闆說，當時有個教友家裡剛好有一個空出的店面可以租給她，租金相當於松德路上那家店面的一半，兩家店卻相隔不遠，只是從大馬路上旁搬進了巷子，同樣也有足夠的空間當做住家，於是，她一口就答應了。於是，在九十一年初，「樺德」便由松德路，搬遷至現在虎林街的店址。

租金

一個月租金三萬八，店面加住家約有四十多坪，在松山區算是相當划算。

目前位於虎林街上的「樺德素食」，店面坪數大概是廿八坪，住家有十多坪，租金每個月三萬八，這樣的價錢在平均店租六萬元的松山區算是相當划算的。當初希望店住合一的老闆笑說，這樣一來，早上就不怕起不來了。從床上起來，梳洗一下，出來就可以做生意，實在是方便很多，比起從前上班，感覺輕鬆多了。

硬體設備

爲了讓這家店做出最美味的素食，在設備上花費了不少資金與心力。

對「樺德素食」抱持著高度理想的蔡老闆，當初希望給客人最新鮮、健康的感覺，也就不惜耗費大筆資金來「建設」這家店了。她的想法原本是開一家精緻的早餐店，所以一些早餐店的煎台、儲藏櫃、冷凍櫃等等，都選用上等的品牌。而爲了讓客人有舒適的用餐環境，她更是細心的布置整個店內的裝潢，可愛小巧的杯組、餐盤、以及店內每一張桌子上覆蓋的桌巾及玻璃墊，處處都顯示出老闆的用心。

店內整潔的裝潢，當初可是花了老闆好大一筆錢。

之後，由於愈賣愈好，愈賣愈順手，老闆爲了順應客人的要求，才從早餐到中餐，到下午茶，再到晚餐。而店內的設備，也從簡單的早餐煎台，變成兩個煎台，光是老闆的超級大冰箱就變成三台，裡面塞滿了加工分類過的食材，以因應愈來愈多的客源。

老闆說，這家店一開始就投入了許多資金，剛開始生意還沒有做起來的時候，她實在非常擔心會賠光，還好在這幾年來，靠著她所堅持的理念，建立了口碑，當然當年的大筆資金，不到一年也就賺回來了。

食材

要做出口碑，食材新鮮是非常重要的一環。

開一家素食店，可不是只要青菜蘿蔔那麼簡單，老闆相信，一家飲食店要做出口碑，它的食材絕對是非常重要的一環。

每天早上開店前，老闆最重要的事情就是到菜市場去挑選新鮮的蔬果，她堅持，如果一樣蔬菜有十塊、廿塊、卅塊三種價錢，她一定會選廿塊或卅塊的，便宜的稍劣質品她絕不拿進「樺德」，即使那些只是要把它搾成汁也一樣。

其它的如素食肉排、素肉鬆、甚至是土司麵包更不用說了，老闆拿著一條全麥土司說：「這條土司六十塊錢」，再加一句：「這沒什麼，我還買過八十塊錢一條的。」顯示老闆不惜成本選擇素材的決心。素食肉排等其它素食成品，也是老闆當初親自到每一家生產工廠去試吃，順便參觀工廠乾不乾淨，最後才挑選出來。當然，開店三、四年來，只要有新的素食成品加工廠成立，就會有新的食品業務上門，有更好的食材，老闆馬上就更換了。

「樺德」的大部分菜式都是老闆自己發明的，而最讓她驕傲的，就是她自己調製的「沙拉醬」。首先，她選用的白色基底沙拉都確定不是「宰生」產生的（做沙拉的凝固劑有的是用動物的胃中抽取物而成），再打上新鮮水果調味，這樣搭配起來，就是「樺德」獨有的生菜沙拉了。

成本控制

老闆不好意思的表示，當初只有理想，沒什麼成本概念。

說到成本，當初在開店的時候，老闆還真沒有什麼概念，什麼都是理想掛帥，一切都要給客人最好，不然也不會花八十萬來裝潢一家早餐店，更不會買一條六十元的吐司來做每個賣二十五元的三明治。當然，算下來，成本還是合得來的，只是少賺一點就是了。

生意慢慢做起來之後，老闆深感每天工作十四小時的辛苦，決定請人。早上較忙，有時會請一、二個人，過中午之後，就再請一個人，請的人都是教裡頭的師姐妹，所以也屬幫忙的性質較多，而她自己，則是可以專心的研發更好吃的食品。

口味特色

滿嘴的新鮮口感，絕對不輸其它西式早餐店。

店內有名的總匯三明治及苜蓿芽捲，都是由新鮮的生菜及苜蓿

芽，搭配上煎得又酥又香的素肉排，再添加各式各樣的蔬果如玉米、蕃茄、小黃瓜等，最後還有老闆特製的沙拉醬。這種綜合各式新鮮蔬菜的口感，絕對是早餐最佳模範，尤其是當老闆從中把三明治及苜蓿芽捲切開時，從切口看到豐盛的食材，更是讓人食指大動。

除此之外，老闆依據一些食譜上的「健康飲食」來搾成的綜合果汁也是一大特色，「樺德」的胡蘿蔔汁絕對沒有一點怪味，整杯都是胡蘿蔔的香味，及喝進肚子的營養，如此與眾不同的風味，原來只是老闆花心思多加入了小黃瓜等新鮮蔬菜，才讓胡蘿蔔汁更添美味，還有治痛風的療效。

進入「樺德」，滿口的新鮮及營養，口感絕對不輸其它非素食的早餐店，老闆的用心，顧客絕對吃得到。

客層調查

因爲風味獨特、食材新鮮，客人從一歲到一百歲，都愛光顧。

「樺德素食」除了吸引附近的居民之外，許多素食者也因爲聽說這裡的素食很不一樣，常常攜家帶眷前來光顧。所以，老闆驕傲的表示：「這裡的客人，從一歲到一百歲，全台灣從南到北到處都有，因為大家都知道，這裡的東西平價、新鮮而且口味特別，和一般的素食店是不一樣的。」

未來計畫

加盟暫不考慮，除非遇到理念相同的同好。

或許是因為現在台灣有太多文明病，素食者愈來愈多，一項調查也顯示，動物在被宰殺之前，由於害怕及緊張，體內會分泌一種酸性物質，這是對人體有傷害的。姑且不論這項調查是否正確，但多吃蔬菜水果對人體有益，確是眾所周知的事情。

基於此，「樺德」的理念就是要大家健健康康，雖然當初有一段時間，老闆因為求好心切而沒有什麼成本控制觀念，造成剛開店的時候，賠了不少日子，但時至今日，老闆對「樺德」還是抱著崇高的理想，她覺得可以做一個讓自己活得有意義，而且快樂的事業很不容易，所以，她堅持要以這個理念繼續下去。

當初老闆開店的時候，她給自己六年的時間，不論最後是賠是賺，都希望能告一個段落，六年之後，她想繼續自己的修行課程。如今，沒想到愈做愈出名，甚至於有人找她談加盟，這倒是她始料未及的。

她說，雖然有人和她談過加盟，但是她從來沒有答應任何人，因為找她加盟的人當中，沒有一個是和她理念相同的，大部分人都是以開店做生意，最後要賺大錢為目的，她覺得心態不對，就沒有再談下去了。至於未來到底會不會開分店，老闆說：「再說吧！」

創業數據一覽表

項　目	說　明	備　註
創業年數	4年	
創業基金	800,000元	
坪數	28坪	不含住家
月租金	38,000元	含住家
人手數目	1至2人	人事費用約5萬元
座位數	約40個	
每日營業時數	約14個小時	
每月營業天數	28～29天	
公休日	第一、三週日休假	
平均每日來客數	200人	
平均每日營業額	21,000元	
平均每日進貨成本	5,000元	
平均每日淨利	14,000元	
平均每月來客數	9,000人	
平均每月營業額	630,000元	
平均每月進貨成本	150,000元	
平均每月淨利	400,000元	

★以上營業數據由店家提供，經專家估算後整理而成。

成功有撇步

在「樺德」身上看得到的，除了用心，還是用心。

老闆覺得開一家飲食店，必須要有自己的理念，看看自己可以提供客人什麼不一樣的東西，如果沒有特色的話，台灣的店家那麼多，別人爲什麼又要偏偏選中你這家店呢？

除此之外，更要常常以同理心來對待客人。比如說同樣的東西一直吃，誰都會吃膩，這個時候，就要變化菜式；尤其是自己試吃的時候，絕對不可以隨隨便便就過關，在這時候應該要讓自己的嘴刁一些，認眞去感覺，如此花費心思調製的菜式，相信客人也會感覺到你的用心。

至於做生意，賺錢當然很重要，但是同時也要想到，除了賺錢，還有什麼是開店所存在的意義？例如「樺德」，希望到此來的客人，都能吃到不同於別家的素食，這就是老闆的用心，如此去想，如此去用心，相信最後一定會成功。

隨便一個漢堡也這麼大，再加上生菜沙拉，保證您吃了一整天神清氣爽。

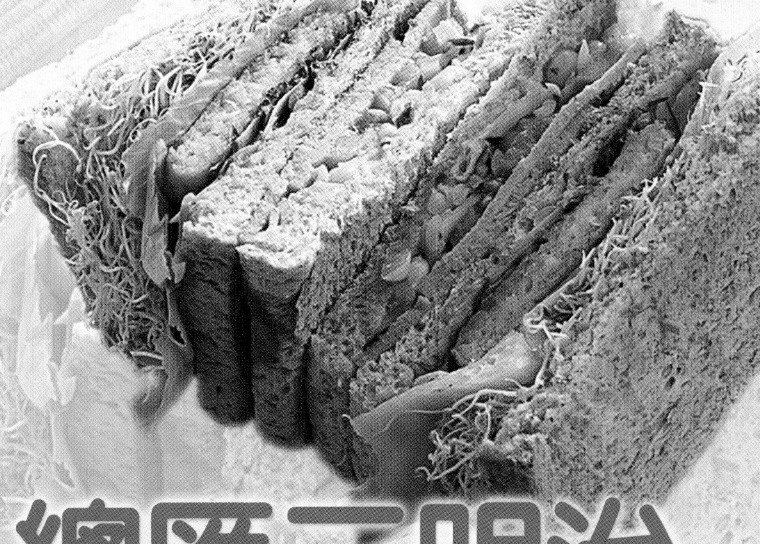

總匯三明治

作法大公開

作法大公開

★材料說明

這份總匯三明治裡頭的材料，都是在普通超市就可以買到的，沒有什麼特別之處，所以有興趣想要在家自己動手做的人，可以自行至各大超市購買。

項目	所需份量	價格
吐司	三片	一條六十元
素火腿	二片	155元／600 g
蕃茄醬	少許	33元／500 g
玉米粒	少許	一箱620元
蕃茄片	少許	25元／斤
小黃瓜	少許	25元／斤
紫萵苣	少許	28元／包
苜蓿芽	少許	25元／120 g
生菜	二片	30-50元／斤
素肉排	一片	99元／265 g
黃芥末	少許	52元／250ml

★製作方式

1 前製處理

（1）蔬菜類在買回來之後，馬上做洗淨及剔除不需要部分的動作，處理過的，就分成一小包一小包，放入冷藏，以備需要。

（2）把要用的份量拿出來，除了生菜之外，其餘都切絲，蕃茄切片備用。

2 製作步驟

1 將吐司抹上沙拉醬，吐司烤或是不烤都可以，隨各人喜好。

2

把蕃茄醬塗抹在其中兩片吐司上。

3

把玉米粒撒在剛才抹上蕃茄醬的兩片吐司上。

4

於一片吐司上放上蕃茄片及小黃瓜，另一片則放上紫萵苣（還是有蕃茄醬的那兩片吐司），這樣不僅顏色多變，食材變化也新穎。

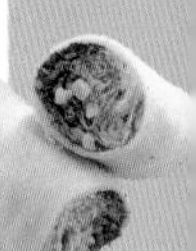

5

於第三片吐司也就是沒有蕃茄醬的吐司片上放苜蓿芽。

6

於苜蓿芽上放上生菜。

7

在有蕃茄醬的那兩片吐司分別放上兩片素火腿及一片素肉排，接著加上黃芥末。

8

把素肉排的那片吐司疊上素火腿的吐司。

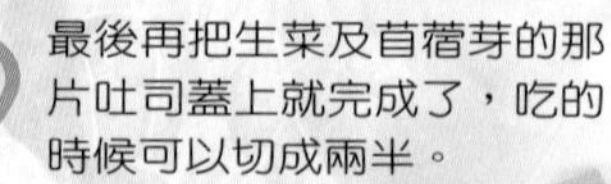

9

最後再把生菜及苜蓿芽的那片吐司蓋上就完成了，吃的時候可以切成兩半。

這盤餡料豐富的總匯三明治，可是包含著老闆對客人的心血，搭配上香醇的奶茶與新鮮的生菜沙拉，可說是營養滿分的早餐。女孩子如果覺得太多，還可以放到中午，省了一餐。

在家DIY小技巧

三明治應該是任何人在家都可以做的簡單食品，而生菜及其它配料也很容易買得到，只是一次做的份量用的不多，建議可以用一些平時做菜時所剩下的，以免浪費。

獨家祕方

以美乃滋爲基底，再加上一些水果調味，就可以製作成美味的水果沙拉醬；在樺德有各式水果製成的沙拉醬，老闆建議各位可以自己用水果配一配來試試，至於店裡最受歡迎的沙拉醬做法，她還是堅持不能透露。

美味見證

林碧蓮
（四十歲．上班族）

我本身是個佛教徒，所以一直都是吃素，喜歡上這家店的原因是，老闆把素食變化成各式各樣的西式餐點，這點就和其它素食店不太一樣，再加上老闆常常會換菜色，讓人怎麼吃都不覺得膩，至於蔬果的新鮮度，更是讓我相信這裡，進而成為這裡的常客的原因。

楊記麻辣蚵仔麵線

精選東石蚵仔・用心香滷大腸

搭配四川辣椒・麵線名滿台北

楊記麻辣蚵仔麵線

DATA

老闆：楊肇基
店齡：7年
創業基金：約10萬
人氣商品：麻辣麵線（小35 大50元/碗）豬血湯(30元/碗)
每月營業額：約100萬
每月淨利：約60萬
產品利潤：約6成
營業時間：7：30～21：00
店址：台北市光復南路四號（與八德路交叉口）
電話：（02）2577-6368、2578-3477

美味評比

人氣評比

服務評比

便宜評比

食材評比

地點評比

名氣評比

衛生評比

早上起來好像還有點想睡，腦袋也好像還沒完全醒，如果這個時候來一碗麻辣蚵仔麵線，保證精神全來，全身的細胞也被叫醒了。

麵線類其實是一種大街小巷買得到、很稀鬆平常的小吃，早期的麵線只有簡單的大腸加蚵仔，上面撒些香菜，所以是被當成是那種嘴饞、肚子不太餓的狀況下來墊底的小吃，但是經過楊老闆把湘菜館特有的麻辣口味，跟傳統麵線結合在一起之後，結果就撞擊出蚵仔麵線的另一片春天，使得蚵仔麵線也能躍上正餐的檯面。

麵線不再只是麵線而已，麵線可以很麻辣，可以很酸辣，當然也可以很辛辣，楊記的麵線開發出多種新吃法，你可以隨自己的喜好搭配不同的口感，光是麻辣醬就有大辣、中辣、小辣、微辣四種選擇，還可以加蒜蓉或是泡菜。

通常一碗小小的麵線是無法滿足一個人的食量，總覺得還要再添點其他東西才會飽，楊老闆細心的察覺到顧客的需求，推出包括用大骨汁熬煮出來的豬血湯，和甜酥的芋泥卷，現在到楊記您吃得到一套內容豐富的麵線套餐。而且楊記從早賣到晚的營業時間，改變附近上班族只在早餐吃麵線的習慣，不管什麼時候，隨時都可以來碗熱騰騰的麻辣麵線。

一個小餐車，讓人想不到一天可以賣掉一千碗麵線。

心路歷程

「楊記麻辣蚵仔麵線」的前身是一家佔地兩層樓的「翔園湘菜館」，老闆說他本身學的是建築，開湘菜館之前他是一家營造廠的負責人，一開始是太太和別人合夥開湘菜館，後來合夥人想抽資，楊太太就乾脆把店頂下來自己做。楊老闆夫婦創業至今已有十八年，麻辣麵線是最近七年才賣的，因爲老闆從小就愛吃麵線，他很喜歡研究蚵仔、大腸要怎麼煮才好吃，時常自己隨意變化、調味弄來吃。

老闆・楊肇基

說來也是機緣，大約七年前湘菜館的生意不是很好時，老闆自己覺得他煮的麵線好吃，於是就在湘菜館外面擺了一個小攤子，開始兼賣起麵線，以老闆對麵線食材的了解與專研，發明了麻辣口味的麵線新吃法，一年後他的生意大發利市，媒體爭相來報導，到後來麵線愈賣愈好，忙到老闆無暇再顧及湘菜館生意，最後只好把湘菜館收掉，專心賣麻辣麵線。

就老闆的觀察，麵線是一種做法簡便的食品，不管怎麼煮它都可以保持一定的質感，不會因爲久煮而糊掉，所以不論店是裡吃或外帶，吃起來的口感都一樣好吃，而且份量很好控制，要吃多少就煮多少，非常方便。跟湘菜館比起來，麻辣蚵仔麵線的食材可以久存，冷凍起來不易壞，所以老闆覺得改賣麻辣蚵仔麵線是一個聰明的做法，事實也證明了麵線的生意好過湘菜館。

經營狀況

命名

老闆的喜好加心血等於楊記。

雖然楊老闆最早開始經營的是「翔園湘菜館」，但是蚵仔麵線

開始賣時，只是在湘菜館外面擺的一個小攤子，總不能也一起跟著掛翔園的名字，而且楊老闆當初也沒想到麵線生意會賣的這麼好，那只是楊老闆的一項喜好，更沒料到麵線的生意竟然會取代湘菜館。湘菜館結束後，楊老闆也不打算繼續用翔園的招牌，所以楊老闆要另外再幫麵線攤取一個店名。

由於這門生意是老闆個人的嗜好及興趣發展出來的，又是經過老闆自己的努力、研發，理所當然老闆想到就用自己的姓——「楊」記來當店名。

地點

處在中興百貨與微風廣場中間，上班人口龐大。

「楊記麻辣蚵仔麵線」店開在光復南路與八德路交叉口，大郵局的旁邊，離舊的中興百貨約一百公尺，附近辦公大樓林立，上班人潮多，另一邊則是老公教國宅區，提供了新舊世代的客源，加上微風廣場的進駐，又帶來了一些可觀的消費人口。

因爲老闆本來就開湘菜館，到後來麵線生意要取代湘菜館時，店面、地點都直接採用原有的。不同的是以前湘菜館有兩層樓，楊記麵線只用到一樓部分，二樓則規劃爲倉庫使用，楊記的狀況是較爲特殊，老闆建議一般想創業的投資者，賣麵線剛開始只需要一個小攤子就夠了。

租金

老闆共租了十八年，房東給了優惠的價格，一至三樓近七十坪，租金共十萬。

目前這間店老闆從湘菜館開始租用，到現在共租了十八年，十八年前只要一萬多元便可租到的房子，現在已經調漲至十萬元左右，這樣的價錢在老闆看來算是便宜，第一因爲租的時間久了，房東在價錢上做了優惠的調漲，和附近地段的租金行情相差不多，再者房子可使用的空間大，除了一樓的二十六坪店面，可以容納約三十人的座位，還包含二、三樓加起來將近四十多坪的部分，投資報酬率其實很划算。

當初在經營「翔園湘菜館」時一至三樓就一起租下來，一、二樓當店家，三樓當儲藏室及員工休息室，改賣麵線後雖然只用到一樓，二、三樓就當倉庫使用，除了擺放之前經營湘菜館時留下來的器具、設備，還因爲楊記的業績量龐大，老闆一次都批相當大量的貨進來才夠應付，所以需要很多的空間存放食材。

硬體設備

簡單幾個重點設備，冰箱、鍋爐、推車型營業台，約十萬打理好。

雖然「楊記麻辣蚵仔麵線」的前身是「翔園湘菜館」，但是湘菜館時代的設備，只有冰箱及部分小碗盤還用的到，其餘的設備只

同樣一碗麵線，卻可以因為醬料的搭配不同，而有完全不同的口感。

能束之高閣，等待將來有機會用到時，再整理出來，不過老闆說這機會目前還不可能有，他的事業重心都擺在「楊記麻辣蚵仔麵線」的經營上，暫時也沒有把這些設備賣給中古商的打算。

因此現在楊記店內儲藏保存材料的冰箱屬於大型的，一般創業者可選擇小型的冰箱即可，楊老闆從一開始在湘菜館外面擺的小攤子、外加方便推著移動的小推車，還有煮麵線、蚵仔及滷大腸的鍋子、爐子，還有可以容納三十位客人在店內吃麵線的桌子和椅子，大約要花十萬元左右，在環河南路可以買到全新的設備。

老闆建議如果想再降低硬體設備的支出成本，也可以到汀州街中正橋下，挑選一些中古商收購自結束營業店家的半新中古設備。

食材

滷過雞肉絲的滷汁滷大腸，十斤大骨熬出來的高湯煮麵線。

麻辣蚵仔麵線的食材包括了大腸、蚵仔、麵線、紅蔥頭，老闆都跟固定的廠商批貨，只要材料出現短缺就訂貨，通常是沒有固定的時間表，而廠商也都知道楊老闆是大宗客戶，他要訂多少貨廠商很快給貨，甚至廠商若有當天的存貨都會一併請他買下。老闆平均

一天要用掉十斤紅蔥頭、一百斤大腸及三十至五十斤的蚵仔，其中蚵仔還是從嘉義東石漁港運上來，東石漁港專事牡蠣養殖，盛產蚵仔，從產地直接來的蚵仔，新鮮有保證。

老闆透露他店裡的大腸是用滷過雞肉絲的滷汁下去滷，所以才會特別入味、特別香。麵線的湯頭則是用了十斤大骨熬煮出來的高湯，再加入麵線，所以麵線也特別有味道。蚵仔的部分，老闆說有的店家習慣把蚵仔滾了一堆厚厚的太白粉，他卻喜歡用太白粉加地瓜粉薄薄一層裹在蚵仔外面，讓蚵仔油炸起鍋後的酥脆狀態可以比單純用太白粉更持久，薄薄一層粉這樣才吃得到蚵仔的鮮味。

楊記的麻辣醬料最讓老闆自傲，雖然老闆自己不嗜吃辣，但是老闆請人從四川帶回來辣椒，自己再研發調配各種調味料，做出又香又辣極受歡迎的獨門麻辣醬料，這種獨門辣醬還分成四級不同的辣度，以迎合各種嗜辣程度不一的客人。

老闆相信食物不會騙人，下多少功夫處理材料，全部反應在做出來的成品上，大腸要洗的乾淨才不會有腥味，滷過雞肉絲的滷汁、大骨熬出來的高湯、請人從四川帶回來的辣椒再經過調配的麻辣醬料，在在顯示老闆對麻辣蚵仔麵線的喜愛及用心。

成本控制

利用現有的食材做搭配研發新菜色，有營收又能消耗存貨。

「楊記麻辣蚵仔麵線」目前共有七位人手，有三位負責外場服務的人員，分別是楊老闆夫婦跟楊媽媽，廚房有一名廚師是之前湘菜館留下來的師傅，其他還有三位內場人員。早上做附近上班族的生意，下午就做公司行號下的訂單，老闆在行銷方面下了不少心思，光是專屬的網站就有好幾個，加上報章雜誌、電子媒體的廣為宣傳，還有大公司之間各家分公司吃了楊記麵線後，覺得眞的好吃互相介紹、一起訂貨，如此每月固定約有四百家公司下訂單，，營收很穩定。

食材開銷方面，老闆平均一天要用掉十斤紅蔥頭、一百斤大腸及三十至五十斤的蚵仔，都是直接向廠商批貨，或是跟漁港叫貨，成本自然可以壓低，而且麵線等食材冷凍起來方便保存不易壞，不像青菜蔬果買來就開始耗損，所以食材成本也較容易控制。

老闆建議利用現有的食材做搭配，研發新菜色也是一種成本控制的方法，比如店裡進了較多的蚵仔，就可以做炸蚵仔酥、蒜泥蚵仔等，一方面有多餘的營收，一方面又可達到消耗存貨的功用，也不需要爲了開發新菜色而多出一項成本，可謂一舉數得。

口味特色

麻辣領軍，酸辣辛辣跟隨，滷大腸讓你欲罷不能。

「楊記麻辣蚵仔麵線」最受歡迎的項目大都是麻辣口味的蚵仔大腸麵線，老闆在辣椒醬料的調配上，下了相當大的功夫，本身擁有湘菜館的豐富調味料

除了麵線好吃，楊記的小菜也是人氣商品。

背景，不但講究辣椒的產地，口味也一再做嘗試，像是麵線可以搭配辣油菜脯，有辣油的香辣包裹著菜脯的甘甜；搭配泡菜一起吃的感覺則又酸又辣，分不清是酸有特色還是辣夠味；攪和著蒜蓉的麵線嗆勁十足，人在老遠就被它吸引過來。

楊記的大腸滷得特香也很入味，嚼完之後嘴巴裡還留有大腸的香味，讓人忍不住就會想要再吃多一點，彷彿欲罷不能，這點老闆也算到了，所以客人也可以單點滷大腸一次吃個夠，滷大腸可是楊記的招牌佳餚，也是許多老主顧每次光顧的必點品，老闆雖然洗大腸洗到手軟，心裡仍是喜孜孜的，顧客的支持就是對楊老闆理念的贊同。

其他還有選用直接從東石漁港來的肥美蚵仔，新鮮不打折，如果覺得蚵仔麵線吃得不過癮的人，還有老闆利用現有材料，隨手開發的小菜可以滿足口慾，例如蚵仔酥、蒜泥蚵仔。

老闆怕有人光吃麵線不夠飽，還推出麵線套餐饗宴消費者，主菜有鱈魚、蝦卷、雞腿、排骨等任君選擇，開胃小菜一碟，甜甜酥酥的芋泥卷一條，以及用大骨熬煮當湯頭的豬血湯，把你的肚子照顧得又暖又飽。

客層調查

每個月有四百家公司來訂貨，客群多來自上班族及學生。

楊老闆在此開業，從最早的「翔園湘菜館」到現在，前後加起

來已有十八年光景，長久累積下來的客源爲數可觀，而光復南路跟八德路附近辦公大樓多，擁有龐大的上班族群，位在中興百貨與微風廣場中間，其間又有老式公教國宅，新舊世代的客群都有。

一天當中就屬早上時間人最多，店裡最忙，大部分是附近的上班族及學生們會來買早餐，中午時反而比較不忙，下午就要忙著做公司下的訂單，因爲緊接著下午茶點心時間就要到了，如此每個月也固定接到約四百家公司行號來訂貨，估算下來，上班族及學生是最大的客戶。

在平面、電子等媒體的爭相報導下，有很多人慕名而來，也爲楊記創造不少的業績。

未來計畫

盡力發展更多適合國人口味的小吃，是楊老闆未來努力的目標。

楊老闆不排斥有人來談加盟計畫，但是目前沒有和人加盟的計畫，也沒有其他未來的擴點計畫，但是老闆信心滿滿的保證，盡力發展更多適合國人口味的小吃是楊記未來努力的目標，現階段仍然秉持著講究眞材實料的做法，爲大家提供優質的麻辣蚵仔麵線，希望大家繼續支持楊記。

創業數據一覽表

項目	說明	備註
創業年數	7年	
創業資金	100,000元	
坪數	約26坪	不含廚房及二樓
租金	約100,000元	18年前1萬多
人手數目	7人	含自家人3人，媽媽有支薪。
座位數	50個	
每月營業天數	30~31天	
每日營業時數	13.5小時	
公休日	四大節日	清明、端午、中秋、春節
平均每日來客數	800人以上	約800碗麵線
平均每日營業額	32,000元	
平均每日進貨成本	80,000元	
平均每日淨利	20,000元	
平均每月來客數	約23,000人	
平均每月營業額	1,000,000元	
平均每月進貨成本	240,000元	
平均每月淨利	600,000元	

★以上營業數據由店家提供，經專家估算後整理而成。

成功有撇步

老闆認爲想要開店做生意，先決條件之一是要自己喜歡吃，由於是自己很喜歡吃的東西，做起生意來才會快樂，才能對自己所賣的食品產生高度興趣，也願意花時間跟精神去研究，如何把食物的美味發揮到最大的極致境界。

其次是喜歡嘗試開發新口味，所謂戲法人人會變，巧妙各有不同，大家都習以爲常的東西很容易被模仿，如果推出別人還沒有的東西，就能搶得先機賺它一筆，口味不斷的開發，財源也會不斷的湧現。

最後是食材的處理，食材有好有壞，一樣的東西如果多用點心去處理，製作出來的食品就會不一樣，舉個例子，雖然大腸的清洗很費事，但還是要清洗得很乾淨，才不會有腥味，才容易入味。滷大腸用的滷汁不同味道就有差，多一道手續或少一道手續，效果絕對吃的出來。

麻辣麵線

作法大公開

作法大公開

★材料說明

這裡材料大概是平常的一大鍋麵線，大概可以賣五百碗。

項目	所需份量	價格	備份
手工麵線	4公斤	35元／斤	
豬大腸	3.5公斤	90元／斤	
蚵仔	3.5公斤	90元／斤	
竹筍	0.5公斤	一大包100元	隨季節不同而定
紅蔥頭	5.6兩	30元／斤	

★製作方式

1 前製處理

豬大腸：用滷雞之後所留下來的滷汁來滷大腸。

蚵仔：用鹽去除黏液，水洗瀝乾。

竹筍：清洗過後，切成絲。

紅蔥頭：剁碎之後，用油爆香。

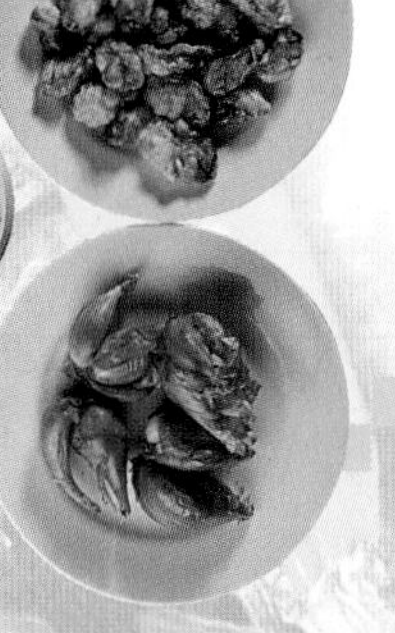

2 製作步驟

1
把大腸翻至內側清理腸內的肥油及穢物

2
把大腸切塊備用

3
用大骨頭熬煮高湯

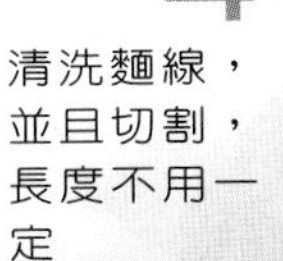

4
清洗麵線，並且切割，長度不用一定

5 切絲後的筍簍，用水再洗過

6 地瓜粉及太白粉倒在一起混合，蚵仔倒入其中裹粉只要裹上薄薄一層，以免炸起來皮太厚。

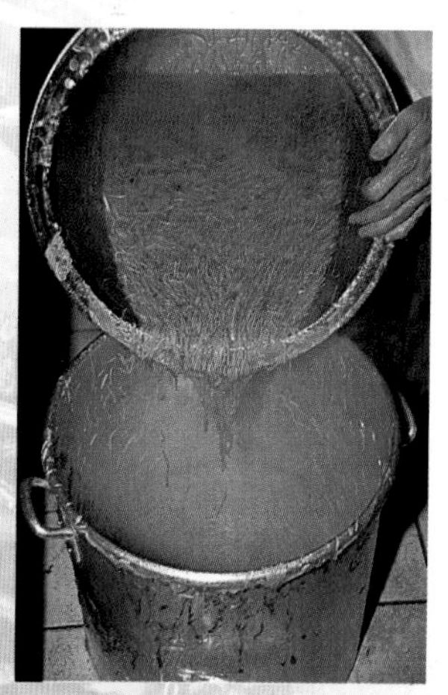

7 把所有材料一起倒入高湯烹煮，好了再倒進盛鍋中。

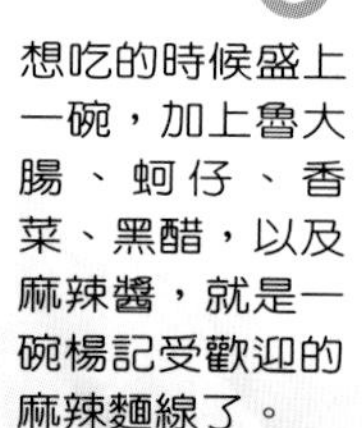

8 想吃的時候盛上一碗，加上魯大腸、蚵仔、香菜、黑醋，以及麻辣醬，就是一碗楊記受歡迎的麻辣麵線了。

獨家祕方

要吃到香辣夠味的麵線，除了大腸要用滷汁先處理過，以及湯底要用大骨熬成之外，蚵仔的挑選也是很重要的；而楊記最獨門的地方，其實就是它的搭配醬料，辣椒可是從四川進來的，再加上老闆的巧思，還有泡菜及菜脯都可以做成好吃的搭配醬料，又酸又辣，口感又好，叫人如何不想它。

在家DIY小技巧

老闆不肯透露醬料的秘密，但是你可以把它買回家，自己煮麵線，再加上楊記的醬料，保證一樣好吃。

美味見證

我常來吃楊記麻辣麵線，它的麻辣油很香、很辣，麵線也很香、很濃，尤其是大腸也是很香、很有Q勁，還有蚵仔很新鮮，這全部加起來就是一句話「好吃」。

它的銀絲卷做成小螺旋狀，蠻可愛的，炸成金黃色很漂亮，一口銀絲卷一口麻辣蚵仔麵線很過癮。另外我覺得老闆自己有研發一些小菜，感覺上老闆蠻用心的。

魯奎農（二十三歲．學生）

麥味登

連鎖早餐創意經營．獨家酪餅美味加分

服務親切全年無休．模範店家社區之寶

DATA

老闆：張世潤
店齡：7年
創業基金：約25萬
人氣商品：高鈣乳酪餅（25元/份）
每月營業額：約35萬
每月淨利：約20萬
營業時間：每天5:00～14:00
店址： 台北縣中和市新生街217號
電話：（02）2223-0915

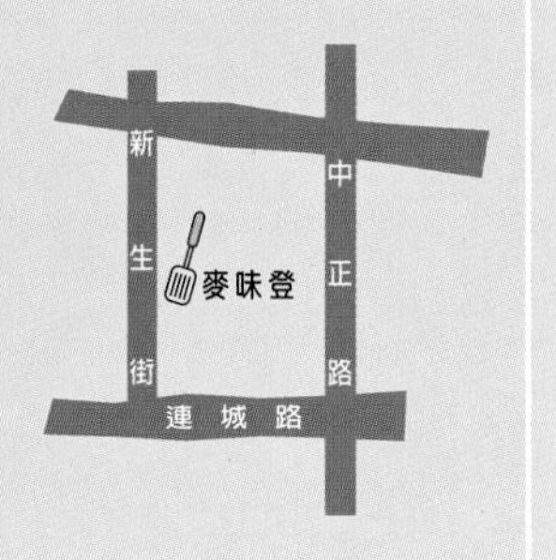

美味評比 ★★★★
人氣評比 ★★★★★
服務評比 ★★★★★
便宜評比 ★★★★
食材評比 ★★★★
地點評比 ★★★★
名氣評比 ★★★★
衛生評比 ★★★★

台灣人賺錢最有一套，自從麥當勞進攻台灣之後，台灣也開始發明了屬於台灣人的漢堡；買個簡單的漢堡包，煎個肉排，再加上一些如小黃瓜、蕃茄、或是生菜等蔬菜，就是一頓簡便美味的早餐了。

如此便利又迅速的方法，使得台灣的早餐店，也不再是只有豆漿、燒餅了，西式的早餐店以迅雷不及掩耳的方式，開始林立，更搶攻了許多年輕學生的市場。模仿西方速食店的早餐店，紛紛以加盟的方式，在台灣的大街小巷裡竄出，如筆者家的附近，方圓不到一百公尺，就開設了四、五家之多，卻也未見有做不下去的，可見得西式早餐店受歡迎的程度了。

位於中和新生街的這家麥味登，是麥味登總公司大力推薦的，一踏進去店內，除了撲鼻而來的麵包香、煎肉香及各種說不出來、卻又令人食指大動的食物香味之外，老闆那親切的笑臉，週到的招呼，更是說明了這家店之所以被推薦的原因。這年頭花錢開店不是件難事，最難的是如何在競爭激烈的加盟早餐店中脫穎而出，甚至令人捨棄住家附近的早餐店遠道而來，這家麥味登就以俐落的手腳和親切的服務，做到了這一點。

加盟店處處可見，要如何在同樣招牌中做傲人的業績，就是差在用不用心。

心路歷程

這家麥味登在中和市已經有七年的時間了，怎麼也想不到，老闆以前是一家台北市房地產大公司的副總，月入十來萬的薪水，吹

老闆・張世潤

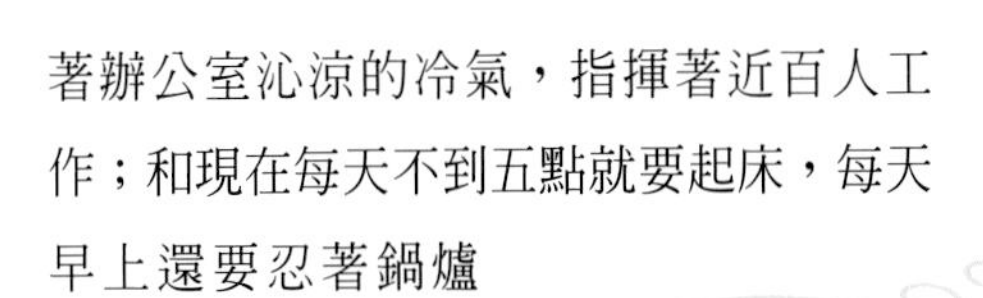

著辦公室沁涼的冷氣，指揮著近百人工作；和現在每天不到五點就要起床，每天早上還要忍著鍋爐邊的熱氣，一邊煎著東西，一邊聽客人點菜，每天像個拚命三郎般的又煎又烤，靠一個十幾二十塊錢的漢堡及三明治賺錢。

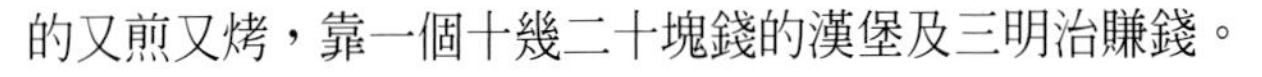

就因爲房地產不景氣，公司無法再繼續經營下去了，老闆笑說，就這樣退休養老，實在有點浪費人才。原本辦理提早退休的他，後來又自己開了一家同樣是經營房地產的小型企業，但最後還是不敵整個房地產凋零的大環境，這時他想，該是換個跑道，重新再出發的時候了。

最後他決定開一家早餐店，一來是工作時間只有半天，二來是他覺得加盟是一種既保險又可方便的創業法。在他多方探尋之下，麥味登就這樣成爲了他人生的第二事業。

就這樣下來，七年來，這家麥味登在中和新生街上全年無休，每天爲客人做早餐。老闆秉持著「要做，就要認眞的做」，把這家看起來和別的西式早餐店沒什麼兩樣的麥味登，做到連不住中和的人，都會特地跑來吃，還做到麥味登總公司都派人來「觀摩實習」。老闆笑說，就是因爲我認眞，這家店可是從一開始，業績就蒸蒸日上，從來沒有「漏氣」的呢！

經營狀況

命名

加盟店的好處，就是不用想名字。

內容豐富的總匯三明治也是人氣頗高的食品。

爲什麼這麼多家的西式早餐加盟店，就是選擇麥味登呢？說到這個原因，老闆可是驕傲的說，他在開店前，是有做功課的，他一家家的去找資料，知道麥味登是連鎖最多的加盟店，他想，一個會做那麼成功的企業，一定有它的道理，於是他就加入了麥味登。

地點

開早餐店一定要緊臨學校及住家，如此一來人潮才會不斷。

這家位於中和新生街裡頭的麥味登，可是老闆精心挑選的「好所在」，老闆覺得，要開一家早餐店，一定要挑選緊臨學校及住家的店面，尤其是有國中及高中更好，因爲小學生，大部分都是只會

買一個十塊錢的吐司解決，而國中及高中生，比較會有消費能力。

於是，原本是住在內湖高級住宅區的老闆一家人，就在四處打聽之下，來到中和新生街這裡，頂下了現在的店面。店的後面就是住家，附近都是住戶，還有小學及中學，在老闆評估之後，覺得這裡非常適合，就把新事業的地點給訂下了。

目前，老闆已經在此度過了七個年頭，他覺得他的早餐店，就像是從前的雜貨店一樣，融合了社區的情感，這些年來，老闆致力於營造這樣的感覺，讓附近的居民感覺到，這裡，不僅僅是一家早餐店，更是一個大家閒暇之餘，可以話家常，打發時間的地方，這樣的做法，使得附近即使開了新的早餐店，一些習慣來這裡的老鄰居們，也因為感情因素或是口味吃不慣，不再到別的早餐店去了。

租金

選擇中和的原因，也是因爲它的地段比較便宜，可以節省許多成本開銷。

連同店面及住家，大約四十多坪的地方，每個月的租金是三萬元，這個價錢，也是當初老闆欣然在此開設早餐店的原因之一。

老闆透露，從前這個店面也是個早餐店，因故而把店面轉讓，結果這個當初被人家頂讓的店面，被老闆當做「寶」，經營得有聲有色。比起以前在內湖的高級住宅，老闆對現在這個店家滿意極了，他覺得開一家店，就是要把全部精力都投注在店裡，他現在每天一起床，走出去就可以做生意，附近住家都是他的朋友及客人，即使有人搬離了，還會抽空再回來吃吃他做的早餐，這樣溫馨的地方，每個月付三萬元，那眞是太便宜了。

硬體設備

除了租金及食材等，其餘基本的設備由麥味登提供。

每到假日，許多人都喜歡全家人一同來用餐。

由於是加盟店，所以基本的硬體設備都由加盟主提供，就連店內的餐桌椅也是，只是由於坪數大，加盟主只有提供三、四套桌椅，其餘的就得要自己付錢了。

加盟之後，其實店內大部份的東西，都會有人幫你準備好，如招牌、桌面、檯子、煎台等。老闆說，要做生意就要好好的把它做起來，於是他還花了錢，在店內裝設冷氣、電視機、甚至於還有音響呢！也難怪附近的居民只要一有空，就會跑來這裡，花小小的錢，享五星級的福。

食材

固定向麥味登批貨，其餘自己想賣的，自己想辦法。

一些平常西式早餐店所能看到的，如漢堡、肉排等基本西式早餐會有的東西，老闆都會固定向麥味登批貨，而他自己則是愈經營愈有心得，想賣的東西也就愈來愈多。

在這家麥味登裡面，除了一般在別家西式早餐店可以看得到的東西之外，老闆還賣花茶、健康果汁，還向一家他覺得很好吃的粥，批一些皮蛋瘦肉粥來賣。不管賣什麼，老闆都秉持一個原則，就是要做法簡便，否則一樣賣幾十塊錢的東西，還要花了好幾十分鐘烹煮，可就不符合經濟效益了。

成本控制

用簡單又便宜的食材，做出好吃的料理就是成本控制了。

基本上，加盟一家店有時候就是一種保障，有時候加盟主會幫你看地點，幫你準備好生財器具和食材，還教你如何調理。老闆說，只要你別把東西煎焦、不要煎得不熟，他實在想不出還有什麼賣不出去的理由。而且這一切，加盟主也早就幫你估算好成本了，這就是加盟的好處。

除此之外，老闆也建議，不要自找麻煩，賣太複雜的東西，找做法簡單又便宜的食材，例如夏天可以賣西瓜汁，材料便宜，薄利多銷，成本也很好控制。

老闆發明的高鈣乳酪餅，一推出即深獲好評。

口味特色

高鈣乳酪餅是店內最大的特色，也是一推出就受到顧客好評。

在這種加盟的西式早餐店，每家店大同小異，找不到什麼獨特之處。但是在這家麥味登，老闆對於經營吃食，愈來愈投入，自己研發了一種叫「高鈣乳酪餅」的

特殊三明治，因而成爲該店的一大特色，甚至於連麥味登企業都有意想把這種好吃的三明治，納爲麥味登企業裡面的一項食品。

高鈣乳酪餅是由一片高鈣乳酪所製成，什麼是高鈣乳酪呢？就是我們平常吃西餐時，有時候喝濃湯，上面會覆蓋一層焗烤起司餅皮，那一塊餅皮就是老闆拿來做高鈣乳酪餅的主要材料，稍微煎熱一下後，覆蓋在三明治上，使得三明治更香更好吃。

老闆爲了客人的口感好，還不惜成本用沙朗牛排來做漢堡排，比起其它普通用來做漢堡的肉排來說，沙朗牛排雖然貴了十五塊，但吃起來口感也的確是很不一樣的。

客層調查

開業七年了，附近居民都是他的主要客層。

一個住宅區裡面的早餐店，其客源當然就是附近的居民，每天一大早，大概六、七點的時候，店裡就會湧進大批的學生，這時候，學生就是主要的客群。再來等到八點多，就是上班族居多，九點過後，就是菜籃族了。所以，其實人潮是一波接著一波的，要等到了接近中午的時候，手邊的工作才有辦法稍微停下來。

當然，這些族群所購買的類別也有所不同，如學生就很喜歡一

個十塊錢的巧克力吐司，這對老闆來說就比較辛苦，烤吐司就要花一番時間，還要塗上巧克力醬，只爲了十塊錢！有點難賺，不過一見到每個學子滿足的表情，老闆還是覺得很開心。而菜籃族就比較多元化，沒有固定特別愛買什麼產品。不過每天早上趕時間的上班族，通常以方便迅速的產品爲主，例如已經做好的三明治，再搭配上一杯奶茶或咖啡，也是營養滿分的早餐。

未來計畫

沒有什麼計劃，永續經營是最終目的。

經營這家店七年的時間，老闆覺得可以每天一面做生意、一面和鄰居們打屁聊天，這個工作眞的很不錯，對於未來，他沒有什麼太大的想法，只想這樣一直做下去，而且，在麥味登各加盟店裡，他的成績也是很呱呱叫的，能夠一直維持下去，是他目前的希望。

麥味登

項　　目	說　　明	備　　註
創業年數	7年	
創業基金	250,000元	
坪數	25坪	不含住家
租金	30,000元	含住家
座位數	40位	
人手數目	1至2人	老闆和老闆娘
每日營業時數	9小時	
每月營業天數	30～31天	
公休日	無	
平均每日來客數	200-250人	
平均每日營業額	12,000元	
平均每日營業成本	3,500元	
平均每日淨利	7,000元	
平均每月來客數	6,500人	
平均每月營業額	350,000元	
平均每月營業成本	100,000元	
平均每月淨利	200,000元	

★以上營業數據由店家提供，經專家估算後整理而成。

成功有撇步

麥味登是老闆在決定自己開店之後，四處比較許多家加盟主優劣之下做的決定。加盟店的好處在於可以花比較少的金額與精神，就可以開出一家自己想要的店，但是在開店的同時，當然也要自己用心去經營，否則再怎麼好的加盟主，也不能保證一定賺錢喔！

麥味登的加盟方式分爲兩種，一種爲豪華型，另一種爲普通型。所謂的豪華型，就是如同小型速食店，所以比普通型多了要炸雞專用的油炸鍋，還有燈箱式的價目表，生財器具如工作檯也比較大；普遍型的就是早餐店，沒有速食炸雞等東西，但煎台、冰箱、工作檯、招牌等全部的生財器具還是都有，至於桌椅，普通型的有三套，豪華型的有四套。

★★★★★加盟條件★★★★★

加盟形式	豪華型	普通型
創業準備金	25萬左右（大概20坪左右的店）	20萬（10到15坪的店面）
保證金	免	免
加盟權利金	免	免
技術轉讓金	免	免
生財器具裝備	含在創業準備金	同左
拆帳方式	利潤歸於營業主	同左
月營業額	10至30萬左右	同左
回本期	1至3個月左右	同左
加盟熱線	0800-006-168加盟部	

高鈣乳酪餅

作法大公開

作法大公開

★材料說明

高鈣乳酪餅顧名思義，就是把好吃的酥皮，包在一般三明治的外邊，現在示範的是火腿口味的高鈣乳酪餅。在家裡想作不同口味的高鈣乳酪餅，把餡料換掉就可以了。

項目	所需份量	價格	備份
高鈣乳酪	一片	一片12元	大型超商有賣
吐司	一片	一條12元	
火腿	一片	一盒60到120元	

★製作方式

1 前製處理

一般用來做酥皮濃湯的是用較小的高鈣乳酪片，但在這裡要包住三明治，所以要買大的。在各大超級市場都可以買得到。

2 製作步驟

1 把高鈣乳酪片放到煎台上煎，煎出它的香味。

2 火腿及吐司也放上一起煎，此時高鈣乳酪片已起酥，所謂的起酥是指高鈣乳酪片熟了膨脹，可清楚看見一層層的分層，就像是酥皮濃湯烤好時的模樣。此時咬起來酥酥脆脆，非常可口。

3 在煎台上把火腿、吐司及乳酪起酥片放置好。

4 盛到盤子上，就是香噴噴、火腿口味的高鈣乳酪餅。

獨家祕方

基本上，這個高鈣乳酪餅就是獨家產品，在三明治外邊包上一層又香又酥的高鈣乳酪，口感自是獨家的美味。

在家DIY小技巧

把吐司一片利用烤麵包機烤過之後，切成一半，把火腿或者其它想吃的餡料及高鈣乳酪片煎熱，將煎好的火腿對折放進吐司裡，再用高鈣乳酪片把整個三明治包住，就可食用，既方便又營養。

美味見證

徐源鈞（十三歲，學生）
黃美惠（廿四歲，家庭主婦）

這裡除了高鈣乳酪餅之外，還有好多好多老闆精心發明的食品，如沙朗牛排漢堡，就是因為東西好吃、老闆用心，所以只要有空，我們都會來這裡吃東西。

附錄

- 路邊攤店家總點檢
- 開早餐店成功祕笈
- 早餐營業地點教戰守則
- 素食材料批發商資料
- 二手攤車生財工具購買資料

路邊攤店家總點檢

開設早餐店最辛苦的地方在那裡？這次採訪的十位老闆都不約而同的說：「早起最辛苦！」想想每天都得在天還沒亮的時候，就要從暖暖的被窩裡爬起來，那種和睡魔搏鬥的過程，光是想就覺得很痛苦了。

爲了讓客人每天早上都能夠吃到自己店裡的早餐，不能三天捕魚，五天曬網，如果沒有每天固定乖乖的準時開店，包準上門的客人愈來愈少，而且還可能做了大半年生意，連一個熟客也沒有，如此又怎麼能做到大家口耳相傳的好口碑呢！

此次我們採訪的十家早餐店，許多都是不只賣早餐，甚至有人從早餐賣到晚餐，雖然這樣的利潤較高，但是凌晨就要起來做生意，到了晚上八、九點才能關店休息，再加上還要準備第二天的食材，等到可以上床睡覺可能已是深夜時分，其箇中的辛勞是不爲外人所知的。

所以，有心想經營早餐店的人，要先有一些心理準備，如果無法早起、耐不住辛苦，或是沒辦法以愉快的心情來服務客人的話，就不要輕易嘗試。以下簡略整理十家店的特色，雖然大都沒有經營太久，但是能在短時間成功，非常值得借鏡。

東林燒餅

「東林」的燒餅遠近馳名，老闆喜歡用烤筒以碳烤方式製作麵點，除了酥餅因為含油量比較多，貼不住烤筒而掉下來，是用烤箱烘培的以外，其它的連鍋貼也要用烤筒來製作，因為老闆認為烤筒是傳統的工具，使用木炭當燃料，用它來製作傳統麵點，比用電器或瓦斯烤出來的味道更棒，而老闆的堅持也換來川流不息的顧客。

雖然只有六年歷史，但卻因為好吃到不用打廣告、不用招牌、不用傳單，光靠著口耳相傳就可以傳遍全台灣，甚至到國外，憑著二十多年製作麵點的老經驗，老闆將手中看來不起眼的麵粉，一下子變成了外皮酥脆且充滿碳烤香味的燒餅。嚐一口熱烘烘的燒餅，酥脆的麵皮，配上青蔥與鹽巴混合的鮮香，樸實自然的風味，令人吮指回味。

創業資本	55萬元
月租金	5萬5千元
月營業額	60萬
月淨利	45萬
加盟與否	否

麥味登

七年來，這家麥味登在中和新生街上全年無休，每天為客人做早餐。老闆秉持著「要做，就要認真的做」，把這家看起來和別的西式早餐店沒什麼兩樣的麥味登，做到連不住中和的人，都會特地跑來吃，還做到麥味登總公司都派人來「觀摩實習」。

在這種加盟的西式早餐店，每家店大同小異，找不到什麼獨特之處。但是在這家麥味登，老闆對於經營吃非常投入，自己研發了一種叫「高鈣乳酪餅」的特殊三明治，因而成為該店的一大特色，甚至於連麥味登企業都有意想把這種好吃的三明治，納為麥味登企業裡面的一項食品。

創業資本	25萬元
月租金	3萬元
月營業額	35萬元
月淨利	20萬元
加盟與否	是

李福記紫米飯糰

李福記紫米飯糰在短短二年多的時間，已經有十三家的加盟，這麼好的成績，完全是老闆娘自己對於飯糰的「品管」，及努力經營和研究所得來的。紫米飯糰最大的特色，就是老闆堅持用傳統的木桶來煮飯，老闆娘在米飯裡還加了其它的五穀雜糧，除了顏色好看，吃進口裡的香Q，絕不是單單純的糯米可以辦得到。

除此之外，還有老闆娘精心調製的菜色，包括酸豆、高麗菜、豆乾、酸菜、牛蒡等等的小菜，全部都不加任何鹽及味精，除非是用「醃製」的手法。其它的只用如咖哩粉、辣椒、豆豉、黑胡椒等等的調味去炒，同樣的餡料，還會分成不辣及辣味兩種，小壓克力架上擺了卅多種又香又好吃的菜餡，這些可都是老闆娘不斷的試吃、研發而來。

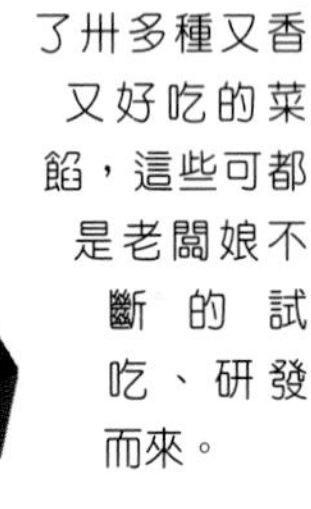

創業資本	20萬元
月租金	3萬元
月營業額	60萬元
月淨利	40萬元
加盟與否	是

周記肉粥

「周記肉粥店」在一九五六年創立，至今已有四十六年的歷史，目前當家的周老闆是第二代的經營者，「周記肉粥店」的肉粥裡面配料豐富，其中味道最為突出的是肉羹及豆皮，這兩種配料增加了肉粥的香味及鹹味。

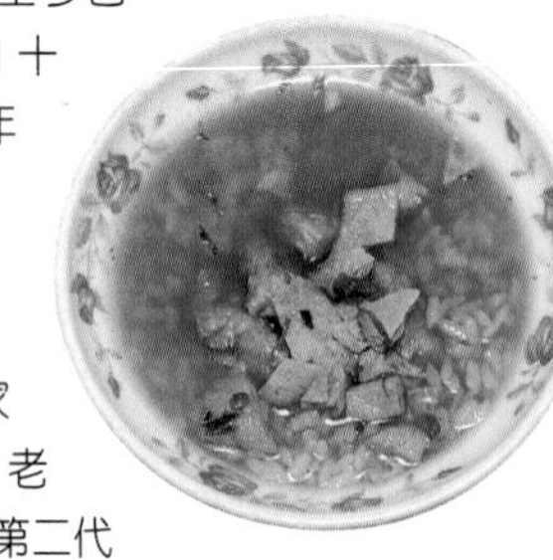

除了肉粥之外，店裡的人氣食品是紅燒肉，幾乎每位顧客的桌上都會點上一盤紅燒肉，也有很多老主顧向老闆反應，周記的紅燒肉口味特別，炸的香酥吃起來不油不膩，是他們在別處吃不到的。另外店裡還有自製兩種沾醬也很受顧客的青睞，分別是味噌辣醬、五味醬，五味醬由薑末、蒜頭、白醋、黑醋、醬油膏，配著小菜吃很對味。

創業資本	80萬元左右
月租金	5千元
月營業額	240萬元
月淨利	140萬元
加盟與否	否

勇伯米苔目

位於華西街觀光夜市A區的第67號攤位，創立至今已有四十多年的歷史，目前負責的老闆娘是第三代經營者。這裡好吃的重點在湯頭。老闆娘用新鮮豬肉熬湯，再加入蝦米及紅蔥頭熬煮兩小時。而顧客喜歡來吃「勇伯米苔目」的一個理由就是這個湯頭，有很多顧客常常一碗米苔目沒吃完，都還要跟老闆娘要求再多盛一些湯。

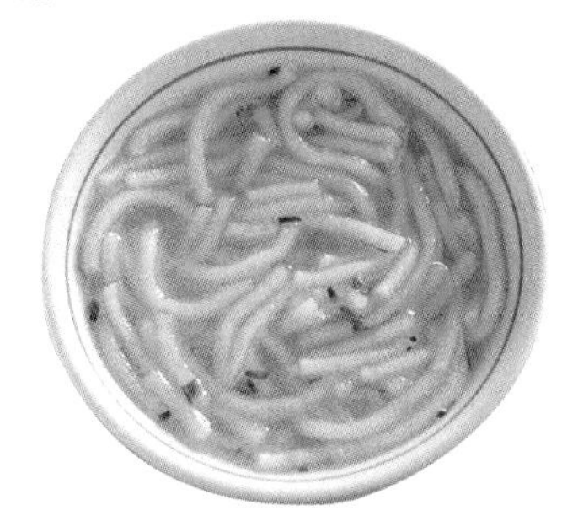

另一項同樣受顧客喜愛的產品，是「勇伯米苔目」店淋在小菜上的醬汁。這醬汁是老闆娘的婆婆研發出來的，熬製上比較費時，約需四至五個小時，醬汁裡面有豆腐乳、辣椒和一些老闆娘不便透露的材料，嚐起來有辣味沒有膩人的甜味，味道很特別、很順口。

創業資本	2萬元
月租金	無
月營業額	60萬元
月淨利	45萬元
加盟與否	否

四海豆漿

「四海豆漿」到現在已有三十幾年的歷史，它是一個長輩拉拔晚輩、親戚朋友間互相扶持，像個大家族的企業，到老闆娘開店已經是第四代。

老闆娘的「四海豆漿」開業至今已經有十二年了，店內賣有各式各樣的麵點，像是豆漿、米漿、煎餃、饅頭、燒餅、小籠包、油條、飯團等，一踏進這家店除了撲鼻而來的濃濃黃豆香，空氣中還飄散著道地北方麵食味，參雜著似有若無的芝麻香。最讓人注意到的一點是店內高朋滿座，服務人員臉上堆滿笑容，親切的招呼客人，不時可以聽到老闆娘跟老主顧們噓寒問暖一番，難怪「四海豆漿」一個月可以賺到十幾萬元的淨利，不是沒有道理的。

創業資本	1百萬元左右
月租金	6萬元
月營業額	80萬元
月淨利	40萬元
加盟與否	限自家人加盟

狀元及第

「狀元及第」賣的粥品屬於廣東粥類，米熬得香滑綿密，不需要多加咀嚼就可吞下肚，其副材料衆多，種類有皮蛋瘦肉粥、牛肉粥、雞肉粥和魚勿仔魚粥，另外還有港式玉米濃湯、酸辣湯及羅送湯等三種湯品供消費者選擇。

這裡所有材料都是經過精挑細選、各方比較過的上選貨。沙茶醬就要用牛頭牌，至於米就選用壽司米等級的米來煮粥，而皮蛋也是老闆娘萬中選一，選擇新店一家由南部進貨新鮮鴨蛋的皮蛋加工廠，聽說這家工廠醃製的皮蛋比較香，處處可見老闆娘的用心。

創業資本	5萬元
月租金	4萬元
月營業額	55萬元
月淨利	30萬元
加盟與否	是

三六九素食包子

「三六九素食包子」是由吳家姐弟跟媽媽共同經營，三個人都算老闆；做包子的手藝是向老師傅學的，為了感恩老師傅把獨門的包子餡做法教給他們，所以就以老師傅開的上海點心店的名字「三六九」作為包子店的名字。

「三六九」包子的餡料種類多達十一種，有雪裡紅、高麗菜、香菇、竹筍、四季豆、八寶醬、客家酸菜、蘿蔔絲、芝麻、豆沙、五穀雜糧、花捲，其中雪裡紅口味的包子最受歡迎。雪裡紅和芥菜一樣都略有辛辣味，可是「三六九」的雪裡紅包子吃不到辛辣味，風味特別，有點像蘿蔔嫩葉，辛香甘甜，難怪深受饕客喜愛。由於老師傅堅持不透露包子餡料的獨門做法，想要知道詳細的做法，只能從吃包子中自己體會囉！

創業資本	30萬元
月租金	4萬5千元
月營業額	95萬元
月淨利	50萬元
加盟與否	否

樺德素食

「樺德素食」雖然才開張短短三年半，稱不上老店，卻能把口碑做得遠近馳名，老闆蔡青穗想要以新穎的手法來改變人們對素食舊有的看法，讓大家知道，素食也可以成為一種吃的藝術，所有的人都可以從素食中吃出健康活力。

「樺德」的大部分菜式都是老闆自己發明的，而最讓她驕傲的，就是她自己用新鮮水果調製的「沙拉醬」。店內有名的總匯三明治及苜蓿芽捲，都是由新鮮的生菜及苜蓿芽，搭配上煎得又酥又香的素肉排，再添加各式各樣的蔬果如玉米、蕃茄、小黃瓜等，最後加上老闆特製的沙拉醬。這種綜合各式新鮮蔬菜的口感，絕對是早餐最佳模範，

創業資本	80萬元
月租金	3萬8千元
月營業額	63萬元
月淨利	40萬元
加盟與否	否

楊記麻辣蚵仔麵線

「楊記麻辣蚵仔麵線」的前身是一家佔地兩層樓的「翔園湘菜館」，大約七年前開始兼賣起麵線，以老闆對麵線食材的了解與專研，發明了麻辣口味的麵線新吃法，一年後他的生意大發利市，媒體爭相來報導，到後來麵線愈賣愈好，忙到老闆無暇再顧及湘菜館生意，最後只好把湘菜館收掉，專心賣麻辣麵線。

老闆相信食物不會騙人，下多少功夫處理材料，全部反應在做出來的成品上，大腸要洗的乾淨才不會有腥味，滷過雞肉絲的滷汁、大骨熬出來的高湯、請人從四川帶回來的辣椒再經過調配的麻辣醬料，在在顯示老闆對麻辣蚵仔麵線的喜愛及用心。

創業資本	10萬元
月租金	10萬元
月營業額	1百萬元
月淨利	60萬元
加盟與否	否

開早餐店成功秘笈

開一家早餐店，看似簡單，其實不然，這次採訪的十個店家，每家都有自己的辛酸甘苦，即使他們都有很可觀的收入，但是在成功的背後，他們每天所付出的體力、勞力、及汗水，如果不是身處其境，是不會了解箇中辛苦的。

不是每一個開早餐店的人都能成功的，同樣一條街上，同樣性質的早餐店，就可能這家生意大排長龍，那家生意門可羅雀，要讓一家早餐店走上成功之路，除了老闆要有親切的笑容，周到的服務，以及好吃的東西之外，還有什麼東西是有心想開早餐店的人們應該注意的？十個成功的店家，十個成功的老闆，筆者在採訪之餘，觀察到了這十個成功的典範，在經營上有一些與眾不同的地方，提供給有心創業的人做爲參考。

一、早起鳥兒有蟲吃，切忌三天打漁兩天曬網

既然是賣早餐，第一個要件就是「早上起得來」，不要以爲這件事很容易做到。想想看，每天可能天還沒有亮，就要起床準備早上要賣的東西，日復一日，又不像上班族一樣有周休二日，一個星期還有兩天可以早上睡到自然醒；也不能像平常人，早上起床覺得今天有點不舒服，就決定休息一天。做生意可不一樣，就算生病了，你也會掛念著那些熟客人說好了今天要過來吃什麼東西，因而死撐著起床，如果你稍稍有了怠惰之心，久而久之，大家就不再固定光顧，誰會喜歡早上特地跑到店家要買早餐，結果發現大門深鎖的感覺呢？客人失望之餘，二、三次之後，他會寧願挑選一家「他想吃的時候」，店家大門永遠開著的早餐店。

就是秉持著這個想法，中和新生街的麥味登老闆全年無休，所謂的全年無休，就眞的是和7-11一樣，連除夕、大年初一的早上，你都可以在那裡吃到早餐。有一回，全台大颱風，中和還停水停電，居民餓得荒，猛一瞧，麥味登那兒還打著手電筒做生意呢！連從前一位熟顧客，搬到桃園了，颱風天還跟老公打賭，說全部的店家都休息了，但這裡的麥味登一定有開，結果她遠從桃園來到中和，果然沒讓她失望。做到這樣的口碑，這家麥味登生意不好才怪呢！

東門市場的四海豆漿也是，一年只休個三大節日，其它的就固定在每天晚上八點，到隔天早上十一點，都可以喝得到它熱騰騰的豆漿；老闆娘親切的笑容，美麗的身影，每天固定照顧客人的心，雖然經過九二一之後，從松山火車站那兒搬遷到了東門市

場，但是店內充滿著舊雨新知，許多客人習慣於老闆娘的手藝，常常遠從松山來到東門，就爲了和老闆娘寒暄幾句，嘗嘗老闆娘的手藝，可以做到這樣，那眞是老闆們經年累月的努力，及一份「我一定要成功」的堅持。

二、創意變化菜色，挑逗顧客的心

台灣的小吃店那麼多，同一個地區裡，在街口遇到一個賣麵的，可能才走個兩步，又遇到另一個麵攤，等你走完整條街，發現賣麵的一堆，讓你根本不知道該如何選擇，但是如果今天五家麵攤，有一家店掛著「麻辣口味、挑戰你的味覺」，剛好愛吃辣的你，是不是立刻就做出選擇了呢？

楊記的創意正是如此，老闆不見得有多愛吃辣，但是他知道四川麻辣的香，是別的辣椒醬無法可比的，於是他在剛開始賣麵線的時候，就選用了由四川進貨的辣，他的這個創意想法，就把台北市的麻辣饕客給全吸引來，賣到後來，乾脆把原來的川菜館收起來，專心來賣這個「生意太過好」的麻辣麵線，後來，他又怕顧客吃膩了麻辣，還創新發明了一種辣醬，辣油加菜脯，還有酸辣醬、泡菜等佐料，讓客人換著吃，再加上其它的小菜，也隨著時間的增長，一樣樣的想出來。來到楊記，吃進嘴裡的彷彿都是老闆的創意和用心，教人如何拒絕它。

三六九包子的口味是獨一無二的，雖然都是源自於上海老師傅的創意，可是徒弟們的傳承，也把三六九包子給發揚光大，同樣的配料，要我們自己在家做，就怎麼也做不出來那原本的味道。上海老師傅的創意和秘訣無從知道，只能在嘴饞的時候，再去買兩顆來解饞了。

周記肉粥的創意就含在老闆每天熬的肉粥裡，熬一鍋粥，所用食材種類很多，包括米、肉羹、豆皮、紅蔥頭、蝦米、鹽、味素、醬油，使肉粥的口味豐富許多。周記的紅燒肉也是別處吃不到的，炸的香香酥酥、不油不膩，口味鮮美獨特。客人在吃肉粥的時候，可能唏哩呼嚕的一下子就把粥給吃光，只覺得和別家的粥不一樣，至於那裡不一樣？可能就要考驗你品嚐美食的功力了。

三、講究食材品質，就是成功之母

人家說，要先學會做菜，得先學會挑菜；一盤菜如果你淨撿些爛菜葉，就算是食神再世，也煮不出來什麼好口味的菜，所以，如果要開一家吃食店，首先就是得會挑選食材了。

狀元及第的老闆娘做生意就非常注重食材的品質，材料都選用上等貨，雖然成本高了點，但是品質做到了，比如沙茶醬就要用牛頭牌的，不用其他價錢雖低但品質不是最好的沙茶醬，連胡椒粉也講究，曾有人介紹老闆娘使用價格低廉的胡椒粉，結果一整鍋粥的味道全變了，連些調味品都這麼講究，其它的也就更不用說。

還有像東林燒餅的老闆，他的燒餅之所以從一個沒有招牌的小店，賣到顧客要求他裝個招牌，以免每次來找不到，這樣的成績除了是他的揉麵工夫到家，還有就是他的燒餅只用「宜蘭三星蔥」。這個「宜蘭三星蔥」到底有什麼魅力呢！筆者一進入東林的時候，撲鼻而來的就是一股蔥香味，在店的後頭，看到老闆放在水盆裡的一大把盆栽，正想說：「哇！這盆栽好美啊！」的時候，才發現那就是老闆從環南市場買回來的「宜蘭三星蔥」，根根都像開運竹一般青翠，也像開運竹一般粗，無論是外觀或氣味，都是一般菜市場的?段無法比擬的。

而勇伯米苔目最講究的就是「湯頭」，老闆娘很自豪的表示，讓顧客喜歡來吃「勇伯米苔目」的一個理由就是這個湯頭，有很多顧客向她表示很喜歡喝店裡的高湯，很有早期老祖母的味道，常常一碗米苔目沒吃完，都還要跟老闆娘要求再多盛一些湯。

這個吸引人的湯頭可不簡單，老闆娘每天早上三點多就得起床準備東西，五點多到店裡面熬煮兩小時的高湯，高湯煮好了才開店營業；高湯裡面還有豬肉、蝦米和紅蔥頭，味道香醇濃郁，很受到顧客的稱讚與喜愛。

四、讓客人吃出健康，生意就源源不絕

一天三餐，早餐最爲重要，如果在早上攝取營養價值高，對身體有益的食品，效果是比其它用餐時間來得更好的，所以，除了好吃之外，如果可以抓到現代人最注重的養生觀念，也能使許多客人感到很受用的。

樺德素食除了是一個素食餐廳以外，還是一個非常注重養生觀念的餐廳，老闆調配了許多對人體有益的蔬果汁，各有不同的療效，讓店裡的客人不僅吃到美味，還吃到了健康和新鮮。老闆

堅持，蔬果一定要新鮮，所以她每天早上就會到附近菜市場去採購，如果一樣蔬菜有十塊、廿塊、卅塊三種價錢，她一定會選廿塊或卅塊的，便宜的劣質品她絕不拿進「樺德」，即使那些只是要把它搾成汁的果菜也一樣。

就是這份堅持，讓樺德在短時間內，就擄獲了許多素食愛好者的心，不僅佛光衛視和樺德簽約特約店，樺德的生意也愈來愈好，原因無他，就是懂得嚴選素材、有健康概念。

紫米飯糰會選用紫米及黑米，也是因爲營養價値比其它糯米來得高的原因，除了飯糰之外，老闆娘還販售自己每天早上磨的低糖黑豆漿，她不怕因爲糖不夠而影響口感，她希望客人在喝進那杯低糖黑豆漿之時，能夠體會她希望客人健健康康的用心。

除此之外，紫米飯糰店裡還有賣苜蓿芽三明治，老闆娘希望在這裡消費的客人，除了滿足口腹之慾，還能吃得健康營養。這就是爲什麼紫米飯糰才開張沒多久，要求加盟的人就紛紛上門，因爲大家都知道，現在的客人比以前更懂得吃，更懂得吃出健康。

早餐營業地點教戰守則

早晨的時間，是大家忙著上班上課，最忙碌的時刻，如果您想要在這個時候，吸引人們停下腳步，願意花個三、五分鐘、甚至更久的時間到您的早餐店來消費，就必須將店開在一個人們必經的交通動線上，不然，東西再好吃，也太不可能會有人在趕著上班上學的時候，特地繞過去購買您的早餐，所以開一家早餐店，最重要的就是地點的選擇。

至於選擇地點時應該注意什麼事？以下要點是筆者綜合本書中十個店家的選擇要訣，相信十家成功的老闆心得，一定可以爲各位讀者帶來一些啓示。

一、交通要點

早晨是交通最最繁忙的時刻，舉凡各公車站、捷運站、火車站等各交通要點，都是早上人們聚集最多的地方了，如果可以在這些地方設置早餐店，加上手藝經得起考驗，每天早上迎接熙來攘往的人群，生意一定不會差。

如果您的店剛好開在在車站旁那就更好了，人們在等車時，可能就會就近在您的店裡買早餐；又或者在下了車後，在公車站附近買，無論如何，在車站設立的早餐店，相信又比其它地方的生意來得更好。

二、社區住宅

不是每家店都可以適合開在住宅區裡面，但是早餐店就很適合，一大早，學生就會走路到家附近的學校去讀書，如果不是在家吃早餐，當然也就會到家附近的早餐店吃早餐，等到學生的人潮過後，就是上班族的上班時間了，再來，就是媽媽們準備出門買菜的時間。

在住宅區裡，大都是同一個社區的鄰居，既可以和認識客人，也可以和客人建立良好的感情，所以，在住宅區中開早餐店，很容易就會有熟客人，這樣一來，固定的客源也很容易就建立起來。

三、市場地緣

市場通常也是很多人選擇開早餐店的地方，因為吃早餐和買菜一樣，都是早上才做的事，許多主婦習慣在買完菜之後，就會到菜市場附近吃個東西，或帶早餐回去給家人吃。

四、文教機構週邊

現代人生活繁忙，往往沒有時間準備早餐，早上趕上課的學生，如果沒有在自家社區解決早餐，就一定會在學校附近消費，許多開在學校附近的店或小吃攤因此生意好得不得了。不過如今學校週邊的店租也相當高昂了，而且遇到寒暑假生意便大受影響，與其租店面營業，不如以攤車型態經營，遇假日時可以轉到別處去營業。

本書十個成功店家之地點分析表

店名	營業地點	地緣形態
東林燒餅	樂業街137號	社區住宅
三六九素食包子	光復南路419巷光復市場旁	市場、社區住宅
四海豆漿	金山南路一段東門市場旁	市場、社區住宅
紫米飯糰	民權西路捷運站口	交通要點
狀元及弟粥	開封街近館前路	文教機構附近
麥味登	中和民生街	社區、文教機構附近
樺德素食	虎林街	社區、文教機構附近
楊記麻辣	光復南路與八德路口	交通要點
勇伯米苔目	華西街觀光夜市內	市場
周記肉粥	廣州街	社區住宅、文教機構附近、市場

素食材料批發商資料

北　部

素食工廠

義美食品公司

簡介：生產各種素食烹飪食品。

地址：106台北市信義路二段88號十樓

電話：(02)2351921／08000231703

天味素食點心廠

簡介：生產素食工廠。

地址：111台北市延平北路八段242巷57號

電話：(02)28101516,28101614

世華素食工廠

地址：208台北縣金山鄉中山路441-3號

電話：(02)24989359

松珍食品股份有限公司(弘茂)

簡介：生產素食工廠。

地址：238台北縣樹林市三龍街16號

小師弟企業有限公司

簡介：素糕、素食品

地址：221台北縣汐止市福一路306巷10號二樓

電話：(02)26949946

傳真：(02)26949804

豐品素食糕餅工廠

簡介：糕餅素牲禮(三牲、五牲)。

地址：235台北縣中和市連城路222巷6弄6號

電話：(02)22255900

傳真：(02)22255901

無量壽素食股份有限公司

簡介：生產素食工廠。

地址：206基隆市六堵工業區工建路五號

電話：(02)24515191-3,2451719-2

傳真：(02)24575537

樂名福股份有限公司

簡介：素食工廠。

地址：356苗栗縣後龍鎮大庄里大庄12之號

電話：(037)723886

良月企業有限公司

簡介：生產素食工廠。

地址：334桃園縣八德市介壽路二段83巷21弄46號

電話：(03)3661253

傳真：(03)3673282

大磬企業有限公司

簡介：生產素食工廠。

地址：334桃園縣八德市和平路772巷24號

電話：(03)3619599,3669520

傳真：(03)3639921

素食材料行

錦泰素食批發

地址：108台北市富民路111號

電話：(02)23071279

彌勒佛素料店

地址：103台北市民樂街68號

電話：(02)25532967

如意商行(附素)

地址：100台北市忠孝西路一段66號B2

電話：(02)23824922

蓮德素食超市

地址：100台北市寧波西街82號

電話：(02)23923208

弘記素食材料行

地址：103台北市民生西路322號

電話：(02)25557270

源美素食品號

地址：103台北市民生西路58號

電話：(02)25411649

宜林素料批發零售

地址：320桃園縣中壢市五穀街9-2號

電話：(03)4912667

佛心素料批發零售

地址：320桃園縣中壢市五穀街33號

電話：(03)4914819

真味素料

地址：320桃園縣中壢市明德路34號

電話：(03)4929011

永和素食食品行

地址：320桃園縣中壢市第一市場地下一樓45號

電話：(03)4225686

中　　部

素食工廠

瑞品公司

簡介：生產素食工廠。

地址：520彰化縣田中鎮二聖街57巷6號

電話：(04)8741389

無量壽健康素食股份有限公司

簡介：生產素食工廠。

地址：437台中縣大甲幼獅工業區東六街18號

電話：(04)26819022

傳真：(04)26819066

順興紅毛苔推廣中心

簡介：素肉干，素魷魚片，紫菜，紅毛苔。

地址：436台中縣清水鎮海口北路150巷1號

電話：(04)26112886~7,26112673

寶泉食品

簡介：素食糕點。

地址：427台中縣潭子鄉勝利九街11號

電話：(04)25338899

傳真：(04)25336699

薌園農產食品有限公司

簡介：生產素食工廠。

地址：403台中市大忠街64號

電話：(04)23297822

忠嗌素食企業有限公司

簡介：生產素食工廠。

地址：406台中市中清路106-17號

電話：(04)22960850

傳真：(04)22962840

米加食品工廠

簡介：生產素食工廠。

地址：407台中市文心路三段251號五樓

電話：(04)22776342,23153707

傳真：(04)22776340

素食材料行

永林素食專賣總匯

地址：402台中市南屯路一段181號

電話：(04)28329855

聖華齋食品行

簡介：

地址：400台中市建國路89號

電話：(04)22266538

甲上素料

地址：401台中市東光園路508號

電話：(04)22131467

億明素料行

地址：402台中市民意街63-1號

電話：(04)22871351

天元素食中心

地址：403台中市美村路一段35號

電話：(04)22246573

林炯陞素料批發

地址：406台中市青島路四段151號

電話：(04)22328547

弘茂商行(遠東愛買永福店)

地址：407台中市青海路三段174號

電話：(04)24628568

味聖食品行

地址：401台中市台中路411-1號

電話：(04)22812651

中華素料超市

地址：402台中市三民路369號

電話：(04)27272481

供品素食供應中心

地址：404台中市太平路99號

電話：(04)22262428／22258919

南　部

素食工廠

淙成素食加工廠

簡介：生產素食工廠。

地址：600嘉義市蘭井街95號

電話：(05)2272522

鮮活實業有限公司

簡介：生產素食工廠。

地址：600嘉義一中山路57號

電話：(05)2782368

傳真：(05)2786267

谷統食品工業股份有限公司

簡介：生產素食工廠。

地址：621嘉義縣民雄鄉民雄工業區成功一街7號

電話：(05)2219919

傳真：(05)2215571

天恩素食(素之王食品有限公司)

簡介：生產素食工廠。

地址：606嘉義縣中埔鄉中華路700號

電話：(05)2391195

傳真：(05)2301668

米洲食品廠有限公司

簡介：生產素食工廠。

地址：723台南縣西港鄉文化路83巷1號

電話：(06)7960313,7960323

傳真：(06)7960353

官田農場有限公司

簡介：生產健康素食工廠。

地址：720台南縣官田鄉中山路二段53巷25號

電話：(06)5793333,5793555

霖牧企業股份有限公司

簡介：生產素食工廠。

地址：734台南縣六甲鄉中社村港子投48-1號

電話：(06)6987345(5線)

闔家來素食食品公司

簡介：生產素食工廠。

地址：807高雄市建工路597號

電話：(07)3890956

佛光道親素食品工廠

簡介：生產素食工廠。

地址：830高雄縣鳳山市武營路88號

電話：(07)7226219

素食材料行

大順素食

地址：807高雄市永吉街18號

電話：(07)3117804

內在美健康事業有限公司

簡介：經銷素愛生機餐包，有全穀類、根莖類、豆類、蔬菜芽菜類、水果類、堅果種籽類及深海藻類，是淨化飲食與平衡營養的天然有機代餐和養生餐包。

地址：800高雄市錦田路78巷1號

電話：(07)2352969

傳真：(07)235075

金龍彩

地址：807高雄市鼎中路552號

電話：(07)3427373

三元行

地址：807高雄市三鳳中街79號

電話：(07)2210116

久大行

地址：807高雄市三鳳中街89號

電話：(07)2826817

泰裕行

地址：807高雄市三鳳中街91號

電話：(07)2850288

傳真：(07)2850287

金蓮昌

地址：807高雄市三鳳中街100號

電話：(07)2162918

淨光佛教文物素食批發

地址：807高雄市文橫二路21-2號

電話：(07)3334811

小吃攤車生財工具哪裡買？

北　　部

元揚企業有限公司（元揚冷凍餐飲機械公司）

地址：北市環河南路1段19-1號

電話：（02）23111877

鴻昌冷凍行

地址：北市環河南路1段72號

電話：（02）23753126．23821319

易隆白鐵號

地址：北市環河南路1段68號

電話：（02）23899712．23895160

明昇餐具冰果器材行

地址：北市環河南路1段66號

電話：（02）23825281

嘉政冷凍櫥櫃有限公司

地址：台北市環河南路一段183號

電話：（02）23145776

千甲實業有限公司

地址：北市環河南路1段56號

電話：（02）23810427．23891907

元全行

地址：北市環河南路1段46號

電話：（02）23899609

明祥冷熱餐飲設備

地址：北市環河南路1段33．35號1樓

電話：（02）23885686．23885689

全鴻不銹鋼廚房餐具設備

地址：北市康定路1號

電話：（02）23117656．23881003

憲昌白鐵號

地址：北市康定路6號

電話：（02）23715036

文泰餐具有限公司

地址：北市環河南路1段59號

電話：（02）23705418．25562475．25562452

全財餐具量販中心

地址：北市環河南路1段65號

電話：（02）23755530．23318243

惠揚冷凍設備有限公司

巨揚冷凍設備有限公司

地址：北市環河南路1段17-2號～19號

電話：（02）23615313．23815737

金鴻（金沅）專業冷凍

地址：北市開封街2段83號

電話：（02）23147077

進發行

地址：北市環河南路1段15號

電話：（02）23144822‧23094254

千石不銹鋼廚房設備有限公司

地址：北市環河南路1段13號

電話：（02）23717011

興利白鐵號

地址：北市環河南路1段18號

電話：（02）23122338

福光五金行

地址：北市環河南路1段14號

電話：（02）23144486‧23145623

勝發水果餐具行

地址：北市環河南路1段40號

電話：（02）23122455

歐化廚具 餐廚設備

地址：北市漢口街2段116號

電話：（02）23618665

大銓冷凍空調有限公司

地址：北市漢口街2段127號

電話：（02）23752999

永揚冰果餐具有限公司

地址：北市環河南路1段23-6號

電話：（02）23822036‧23615836‧23822128‧23812792

利聯冷凍

地址：北市環河南路1段39號

電話：（02）23889966‧23889977‧23889988‧23899933

正大食品機械烘培器具

地址：北市康定路3號

電話：（02）23110991‧23700758

立元冰果餐具器材行

地址：北市環河路1段23-4號

電話：（02）23311466‧23316432

國豐食品機械

地址：北市環河路1段160號

電話：（02）23616816‧23892269

立元冰果餐具器材行

地址：北市環河路1段23-4號

電話：（02）23311466‧23316432

千用牌大小廚房設備

地址：北市環河路1段146號

電話：（02）23884466-7‧23613839

立元冰果餐具器材行

地址：北市環河路1段23-4號

電話：（02）23311466‧23316432

久興行玻璃餐具冰果器材

地址：北市環河路1段82-84號

電話：（02）23140183‧23610654

中　部

元揚企業有限公司（元揚冷凍餐飲機械公司）

地址：台中市北屯區瀋陽路1段5號

電話：（04）22990272

利聯冷凍

地址：台中縣太平市新平路１段257號

電話：（04）22768400

國喬股份有限公司

地址：台中縣太平市新平路1段257號

電話：（04）22768400

正大食品機械烘培器具

地址：嘉義縣民雄鄉建國路1段268號

電話：（05）2262510

南　部

元揚企業有限公司（元揚冷凍餐飲機械公司）

地址：高市小港區達德街61號

電話：（07）8225500

正大食品機械烘培器具

地址：台南永康市中華路698號

電話：（06）2039696

正大食品機械烘培器具

地址：高雄市五福2路156號

電話：（07）2619852

東　部

元揚企業有限公司（元揚冷凍餐飲機械公司）

地址：宜蘭渭水路15-29號

電話：（039）334333

△中、南、東部地區的朋友亦可向北部地區的廠商購買設備(貨運寄送、運費可洽談，但大多爲買主自付)

作　　者　施依欣
協力採訪　許凌真
攝　　影　王正毅

發 行 人　林敬彬
主　　編　張鈺玲
助理編輯　蔡佳淇
美術編輯　周莉萍
封面設計　周莉萍

出　　版　大都會文化 行政院新聞局北市業字第89號
發　　行　大都會文化事業有限公司
110台北市基隆路一段432號4樓之9
讀者服務專線：（02）27235216
讀者服務傳真：（02）27235220
電子郵件信箱：metro@ms21.hinet.net
郵政劃撥　14050529 大都會文化事業有限公司
出版日期　2002年12月初版第1刷
定　　價　280 元

I S B N　957-28042-3-5
書　　號　Money-007

Metropolitan Culture Enterprise CO., LTD
4F-9, Double Hero Bldg., 432,Keelung Rd., Sec. 1,
TAIPEI 110, TAIWAN
Tel:+886-2-2723-5216　　Fax:+886-2-2723-5220
e-mail:metro@ms21.hinet.net

Printed in Taiwan

國家圖書館出版品預行編目資料

路邊攤賺大錢7. 元氣早餐篇／施依欣著
——初版——
臺北市：大都會文化發行
2002〔民91〕
面；　公分.—（度小月系列；7）
ISBN：957-28042-3-5
1. 飲食業 2.創業
483.8　　　91020091

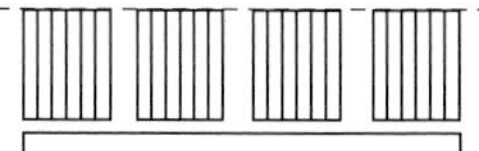

北區郵政管理局
登記證北台字第9125號
免貼郵票

大都會文化事業有限公司
讀者服務部收

110 台北市基隆路一段432號4樓之9

寄回這張服務卡(免貼郵票)
您可以:
◎不定期收到最新出版訊息
◎參加各項回饋優惠活動

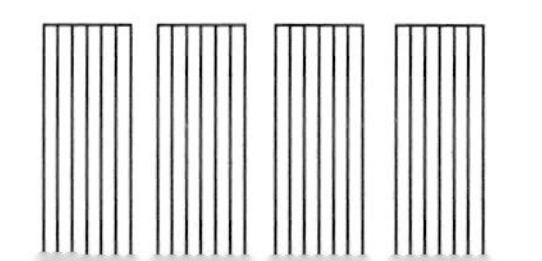

大都會文化 讀者服務卡

書號：Money-007 路邊攤賺大錢【元氣早餐篇】

謝謝您選擇了這本書！期待您的支持與建議，讓我們能有更多聯繫與互動的機會。日後您將可不定期收到本公司的新書資訊及特惠活動訊息。

A.您在何時購得本書：_____年_____月_____日

B.您在何處購得本書：__________書店，位於__________(市、縣)

C.您從哪裡得知本書的消息：1.□書店 2.□報章雜誌 3.□電台活動 4.□網路資訊5.□書籤宣傳品等 6.□親友介紹 7.□書評 8.□其他__________

D.您購買本書的動機：（可複選）1.□對主題或內容感興趣 2.□工作需要 3.□生活需要 4.□自我進修 5.□內容為流行熱門話題 6.□其他__________

E.為針對本書主要讀者群做進一步調查，請問您是：1.□路邊攤經營者 2.□未來可能會經營路邊攤 3.□未來經營路邊攤的機會並不高，只是對本書的內容、題材感興趣 4.□其他__________

F. 您認為本書的部分內容具有食譜的功用嗎？1.□有 2.□普通 3.□沒有

G 您最喜歡本書的：（可複選）1.□內容題材 2.□字體大小 3.□翻譯文筆 4.□封面 5.□編排方式 6.□其他__________

H.您認為本書的封面：1.□非常出色 2.□普通 3.□毫不起眼 4.□其他__________

I. 您認為本書的編排：1.□非常出色 2.□普通 3.□毫不起眼 4.□其他__________

J. 您通常以哪些方式購書：(可複選)1.□逛書店 2.□書展 3.□劃撥郵購 4.□團體訂購 5.□網路購書 6.□其__________

K.您希望我們出版哪類書籍：（可複選）1.□旅遊 2.□流行文化3.□生活休閒 4.□美容保養 5.□散文小品 6.□科學新知 7.□藝術音樂 8.□致富理財 9.□工商企管10.□科幻推理 11.□史哲類 12.□勵志傳記 13.□電影小說 14.□語言學習（____語）15.□幽默諧趣 16.□其他__________

L.您對本書(系)的建議：__________

____

M.您對本出版社的建議：__________

____

讀者小檔案

姓名：__________ 性別：□男 □女 生日：____年____月____日

年齡：□20歲以下□21～30歲□31～50歲□51歲以上

職業：1.□學生 2.□軍公教 3.□大眾傳播 4.□ 服務業 5.□金融業 6.□製造業 7.□資訊業 8.□自由業 9.□家管 10.□退休 11.□其他__________

學歷：□ 國小或以下 □ 國中 □ 高中／高職 □ 大學／大專 □ 研究所以上

通訊地址：__________

電話：（H）__________（O）__________傳真：__________

行動電話：__________ E-Mail：__________

大都會文化事業圖書目錄

度小月系列

路邊攤賺大錢【搶錢篇】	定價280元
路邊攤賺大錢2【奇蹟篇】	定價280元
路邊攤賺大錢3【致富篇】	定價280元
路邊攤賺大錢4【飾品配件篇】	定價280元
路邊攤賺大錢5【清涼美食篇】	定價280元
路邊攤賺大錢6【異國美食篇】	定價280元

流行瘋系列

跟著偶像FUN韓假	定價260元
女人百分百　男人心中的最愛	定價180元
哈利波特魔法學院	定價160元
韓式愛美大作戰	定價240元
下一個偶像就是你	定價180元

DIY系列

路邊攤美食DIY	定價220元
嚴選台灣小吃DIY	定價220元

人物誌系列

皇室的傲慢與偏見	定價360元
現代灰姑娘	定價199元
黛安娜傳	定價360元
最後的一場約會	定價360元
船上的365天	定價360元
優雅與狂野—威廉王子	定價260元
走出城堡的王子	定價160元
殞逝的英格蘭玫瑰	定價260元
漫談金庸－刀光・劍影・俠客夢	定價260元

City Mall系列

別懷疑，我就是馬克大夫	定價200元
就是要賴在演藝圈	定價180元
愛情詭話	定價170元
唉呀！真尷尬	定價200元

精緻生活系列

另類費洛蒙	定價180元
女人窺心事	定價120元
花落	定價180元

發現大師系列

印象花園—梵谷	定價160元
印象花園—莫內	定價160元
印象花園—高更	定價160元
印象花園—竇加	定價160元
印象花園—雷諾瓦	定價160元
印象花園—大衛	定價160元
印象花園—畢卡索	定價160元
印象花園—達文西	定價160元
印象花園—米開朗基羅	定價160元
印象花園—拉斐爾	定價160元
印象花園—林布蘭特	定價160元
印象花園—米勒	定價160元
印象花園套書（12本）	定價1920元 （特價**1,499**元）

Holiday系列

絮語說相思 情有獨鐘	定價200元

工商管理系列

二十一世紀新工作浪潮	定價200元
美術工作者設計生涯轉轉彎	定價200元
攝影工作者設計生涯轉轉彎	定價200元
企劃工作者設計生涯轉轉彎	定價220元
電腦工作者設計生涯轉轉彎	定價200元
打開視窗說亮話	定價200元
七大狂銷策略	定價220元
挑戰極限	定價320元
30分鐘教你提昇溝通技巧	定價110元
30分鐘教你自我腦內革命	定價110元
30分鐘教你樹立優質形象	定價110元
30分鐘教你錢多事少離家近	定價110元
30分鐘教你創造自我價值	定價110元
30分鐘教你Smart解決難題	定價110元

度小月系列

度小月系列